LA

CHASSE PRATIQUE

SOCIÉTÉS DE CHASSES A TIR

Typographie Firmin-Didot. — Mesnil (Eure).

LA
CHASSE PRATIQUE

LES SOCIÉTÉS DE CHASSES A TIR

TERRAINS DE CHASSE, GARDES

DESTRUCTION DES ANIMAUX NUISIBLES

ÉLEVAGE DU GIBIER

REPEUPLEMENTS, ETC.

Par ERNEST BELLECROIX

(ILLUSTRATIONS DE L'AUTEUR)

PARIS

LIBRAIRIE DE FIRMIN-DIDOT FRÈRES, FILS ET Cⁱᴱ

IMPRIMEURS DE L'INSTITUT, RUE JACOB, 56

1875

A

,

MONSIEUR HENRI RÉVILLON.

MON CHER HENRI,

Vous pensiez peut-être qu'on pouvait chasser impunément avec moi, pendant dix années.

Eh bien! pas du tout
Je vous dédie ce livre.

En le lisant, mon vieil ami, vous y retrouverez, je l'espère, quelques-uns de ces bons souvenirs qui nous sont si chers à tous deux.

ERNEST BELLECROIX.

LA
CHASSE PRATIQUE

SOCIÉTÉS DE CHASSES A TIR

> « La chasse se meurt, la chasse
> « est morte. »
> « Vive la chasse! »

Il serait puéril de nier que la chasse en France n'a plus de longues années à vivre, si tous les chasseurs dignes de ce titre honorable ne s'empressent de réagir contre les causes fatales qui l'entraînent à sa perte.

Cette étude a pour objet, non pas de rechercher les causes de la diminution du gibier, causes multiples et dont la principale est trop connue, hélas! mais de mettre en lumière un des remèdes qu'il est encore possible d'opposer à l'entière consommation du mal.

1

Il faut, par tous les moyens, protéger le gibier, et s'efforcer d'arracher au sort qui les attend les derniers survivants de nos races indigènes.

Il m'a semblé que la constitution de Sociétés de chasse sagement entendues pourrait, dans une large mesure, venir en aide aux efforts déjà tentés par les diverses associations qui luttent courageusement contre notre ennemi commun, l'odieux *braconnage*.

Car ce n'est pas assez de combattre par un seul moyen cette puissante association du braconnage, dont le spectre, sans cesse grandissant, finira par prendre de telles proportions qu'elle disparaîtra prochainement dans le néant de son triomphe, s'il n'y est mis bon ordre. N'est-ce pas là, pour un chasseur, une triste pensée? Quand il n'y aura plus de gibier, il n'y aura plus de braconniers !

De féconds résultats peuvent et doivent être obtenus d'un autre genre d'association.

Des bandits se réunissent, s'enrégimentent, se disciplinent pour voler le gibier appartenant à tous et à chacun; que les honnêtes gens, aimant la chasse, se groupent de leur côté; ils se protégeront eux-mêmes et les sociétés ainsi formées ne sauraient manquer d'apporter un puissant concours à l'œuvre de répression entreprise par les sociétés qui combattent les déprédations des larrons de gibier.

Je n'entends pas prétendre que ce soit là le sentiment qui a inspiré, depuis longtemps, aux chasseurs parisiens la pensée de s'associer pour affermer le droit de chasse sur les propriétés plus ou moins voisines de la capitale; il est probable, au contraire, que chacun d'eux n'a songé qu'à soi sans prévoir les avantages qui devaient résulter pour tous de la mise en commun des ressources et des efforts de tous. — Mais le résultat n'en est pas moins acquis et il reste établi que les sociétés de chasse exploitées aux environs de Paris, sont la cause principale de la conservation du gibier dans un certain rayon autour de la capitale.

Car voici qui va sembler peut-être une exagération à quelques-uns de nos confrères de province, pour lesquels les chasses parisiennes ont un prototype, qui se nomme la plaine Saint-Denis, où notre regretté Dumas fit jadis cette ouverture qu'il a si joyeusement contée, je ne sais où, et de laquelle, à deux, ils revinrent chargés d'une grenouille. Il faut que la province en prenne son parti : les environs de Paris sont plus giboyeux que la plupart de nos départements, et cela tient en grande partie à l'existence des nombreuses sociétés qui ont affermé les chasses de bois ou de plaine, à des prix le plus souvent fort respectables.

Ceci suffira-t-il à donner l'exemple? J'en doute beaucoup, et pourtant, comme toutes les bonnes choses, l'association en matière de chasse fait partout des progrès et nos départements de l'est, du nord, de l'ouest de la France comptent déjà bon nombre de sociétés aux environs des centres populeux. Le jour viendra fatalement où les campagnes suivront.

J'ai longtemps chassé en province; à l'époque où j'y chassais, il y avait encore du gibier dans les chasses LIBRES; les chemins de fer sont venus; les mêmes chasses sont toujours libres, mais le gibier a disparu.

Il n'en est pas de même dans celles de ces terres où le droit de chasse a été affermé, et si la malveillance, ou la jalousie, font tous les ans payer leurs rancunes à d'innocents perdreaux, levrauts, cailleteaux, etc., par contre, la crainte salutaire du garde a éloigné les « *giboyeurs* » ; les soins donnés à la surveillance et à l'élevage du gibier ont établi une compensation, et, là du moins, on peut tirer quelques coups de fusil. Concluez.

Je sais tout ce que cette thèse soulèvera d'indignations dans le camp des chasseurs libres-échangistes, qui, sous ce prétexte fantaisiste que le gibier appartient à tout le monde en général, et à personne en particulier, considèrent comme un crime abominable le fait de réserver la chasse, même sur les terres dont on est le propriétaire.

Mais, cher monsieur, mes terres sont à moi comme les vôtres à vous. En vertu de quel droit viendrez-vous chasser chez moi? Comment pourrais-je songer à aller tuer chez vous vos perdreaux si cela vous déplaît? Vous pouvez avoir mille bonnes raisons pour désirer les conserver, ne fût-ce que pour vos amis.

Je sais plusieurs départements où cette théorie, si simple qu'elle paraisse, fera jeter les hauts cris.

Cependant raisonnons.

Je voudrais, je le confesse, pousser à la formation de sociétés de chasse, plus ou moins modestes, partout où il est possible d'en constituer; je vous dois mes raisons; les voici :

Il me semble avoir fait pressentir déjà les avantages qui peuvent résulter de ces associations; je reviendrai plus tard et en détail sur ces avantages qu'on appréciera mieux; je ne veux pour le moment que réfuter les objections qui m'ont été souvent opposées.

J'ai eu quelquefois, dans un déplacement à soixante ou quatre-vingts lieues de Paris, la bonne fortune de voir monter dans le compartiment où j'avais moi-même pris place, de braves chasseurs rentrant au logis, après une laborieuse journée, le carnier vide.

J'avais la foi (je l'ai encore, Dieu merci!). Je me sentais des instincts de prédicateur : je voulais convertir.

Entre chasseurs de pôles opposés la connaissance est bientôt faite, surtout quand l'un des pôles y met de la bonne volonté.

Si la montagne ne venait pas à moi, j'allais à la montagne. Je glissais perfidement quelques insinuations ; cela jetait un froid. Mais quand je venais à démasquer mes batteries, quand je mettais à nu la noirceur de mon âme, quand je parlais de *chasses gardées*, quel TOLLE, bon Dieu !

— Des chasses gardées!... Jamais, monsieur, jamais !

— Cependant...

— Jamais, monsieur ! Nous sommes des chasseurs, nous autres, de vrais chasseurs ! Nous voulons la liberté de la chasse, monsieur ! Des chasses gardées ! Mais cela est bon pour des... Parisiens. Nous partons le matin devant nous, monsieur, nous allons où notre fantaisie nous pousse ; nous emmenons à la fois, chiens d'arrêt et chiens courants...

— Mais permettez...

— ..... chiens d'arrêt et chiens courants, le tout

pêle-mêle, non couplés; nous faisons deux, trois lieues, et quand nos bons *courants* attaquent un lièvre, nous le suivons, monsieur; nous ne tirons pas toujours, c'est vrai, mais nous avons chassé.

— Mais quand vos chiens ne trouvent pas à lancer? Quand vous êtes trois ou quatre pour un lièvre... problématique?

— Quand nos chiens ne trouvent pas à lancer, ils quêtent et nous cherchons avec eux.

— Et cela est fréquent, je crois.

— Oui, monsieur, cela est fréquent; mais nous ne nous plaignons pas; nous sommes des chasseurs, et vos chasses parisiennes, vos chasses gardées..., ne sont pas des chasses, pas plus que vos chasseurs parisiens ne sont des ch...

— Il y a du vrai dans ce que vous dites, cher monsieur; pourtant, si vous me permettez de vous faire observer que, de votre aveu même, le gibier n'abonde pas chez vous, vous me concéderez peut-être qu'en lui accordant un peu de protection...

— ..... Un peu de protection! C'est cela : un garde, n'est-ce pas? Eh bien! non, monsieur! Mais vous ignorez donc qu'un garde, loin d'aider à la conservation du gibier, hâterait son entière destruction, et que si un propriétaire égoïste poussait la sottise jusqu'à faire réserver sa chasse, il n'est pas un paysan, pas un ouvrier, pas un faucheur qui ne s'empressât de mettre un coup de talon dans chaque nid de perdreaux ; il en serait de même des jeunes levrauts et du reste.

— Il est impossible, monsieur, que tous les paysans, que tous les faucheurs soient, sans exception, les gredins que vous dites ; voilà qui serait déplorable, et puis...

— Et puis, monsieur, pourquoi priver d'un plaisir qui leur est cher les ouvriers des campagnes ? Je sais bien que la plupart braconnent, qu'ils ont toujours au fond de leur carnier une ou deux *cravates,* qu'ils posent dans la première coulée venue, de hase ou de lapin, et que ce qu'ils ne peuvent tuer avec le fusil, ils le pincent avec la pantière ou avec le collet. Mais nous sommes indulgents ; nous croyons, d'ailleurs, qu'ils seraient plus dangereux encore, s'ils n'avaient pas le droit de sortir avec un fusil sur le dos. La chasse, d'ailleurs, est saine au corps et à l'esprit, et vaut mieux que le cabaret.

— Mais, si tous les paysans chasseurs braconnent peu ou prou, ce qui me semble bien sévère, vous ne pouvez refuser d'admettre qu'il y ait d'autant moins de ménagements à garder ; l'argument serait donc peu favorable à votre thèse. Le garde, quoi que vous disiez, est pour le maraudeur un épouvantail, et pour le gibier une sauvegarde. La catastrophe du nid de perdreaux me touche peu. S'il est honnête, actif, bon piégeur, votre garde vous en sauvera bien d'autres ! Si vous y tenez (et j'y consens volontiers, ne voulant la mort de personne), laissez à vos protégés un certain canton dans quelque coin de votre chasse ; abandonnez même, si cela vous convient, une partie de votre propriété ou de votre location ; mais faites garder le plus possible, et vous verrez peu à peu renaître perdreaux, lapins et lièvres dans les cantons les plus dévastés.

Comme toujours, la discussion finissait, mon Nemrod gardant son opinion, et moi la mienne.

Mais je suis persuadé qu'en écartant du débat la passion que chacun de nous, non pas seulement en matière de chasse, met à défendre ses idées, on arriverait à s'entendre, sans froisser de graves intérêts. Que ceux de mes chers confrères de province qui liront ces lignes ne croient pas que j'aie voulu froisser leurs convictions, encore moins donner à rire à leurs dépens. Qu'ils soient convaincus que j'apprécie leur mérite. J'ai partagé leurs fatigues, leurs jouissances, et aussi leurs déceptions ; et si je reconnais volontiers qu'ils sont généralement plus habiles que leurs confrères parisiens, ils me permettront de leur dire qu'ils ne possèdent pas au même degré cet esprit de solidarité et d'association qui a porté les Nemrods de la capitale à se réunir en sociétés de manière à exploiter, au double profit de leurs plaisirs et de la conservation du gibier, les chasses qui, abandonnées à tout le monde, seraient depuis longtemps dépeuplées.

Il n'y a pas à s'étendre longuement sur les causes multiples et spéciales qui, aux environs d'une ville comme Paris, auraient, plus rapidement que partout ailleurs, amené ce dépeuplement. C'est à Paris que convergent les produits des rapines des communards de toutes sortes, et moins le trajet à parcourir est long, plus les bénéfices sont gros.

Nous allons donc, sans plus tarder, entrer en matière, et attaquer dans le vif la question des sociétés de chasses.

Le Rendez-vous.

CHAPITRE I.

Ce n'est point une chose aisée que la recherche d'un bon terrain de chasse.

C'est la bourse, le plus souvent, et non le goût ou les convenances, qui décide de son mérite, je veux dire, de la location.

Il en est des chasses comme de toutes choses en ce monde; chacun fait ce qu'il peut.

L'examen des conditions que doit présenter le théâtre de vos futurs exploits est cependant d'un intérêt capital, et rentre absolument dans le cadre de cette étude.

Que de déceptions, en effet, n'a pas causées le défaut de connaissance ou l'irréflexion du titulaire d'une chasse, séduisante au premier abord!

Généralement on loue peu de chasses ne comprenant que la plaine. La plaine, en effet, ne présente pas au même degré tous les attraits dont est pourvue la chasse de bois.

La chasse de plaine dure peu ; passé le temps qu'on nomme *la primeur*, elle exige de la part du chasseur des qualités plus sérieuses, un esprit d'observation plus développé, une patience plus soutenue, un jarret plus solide.

Il ne faut pas, toutefois, entendre cette assertion dans un sens défavorable au chasseur au bois. Il est bien loin de ma pensée de chercher à établir son infériorité ; je considère, au contraire, la chasse au bois comme un écueil auquel viennent se briser les prétentions de beaucoup de chasseurs qui excellent en plaine. Je veux dire seulement que la plupart du temps, pour réussir en plaine, il faut posséder une science de la chasse dont n'a pas besoin celui qui exploite, en amateur, et sans autre souci que celui d'oublier ses affaires, des taillis giboyeux ou à peu près, dans lesquels, en tous cas, le gibier tient davantage, où l'on surprend plus aisément le perdreau, où le lapin fournira toujours, pour peu qu'on le veuille, l'occasion de tirer un coup de fusil, où le lièvre, inabordable dans les guérets, ne partira pas à un kilomètre, où, de temps en temps, pendant l'hiver on aura l'occasion de lever une bécasse.

Une jolie chasse de plaine est pourtant une belle chose, et je connais des fanatiques qui la préfèrent à toute autre; il est vrai que ceux-là n'en connaissent pas d'autre ; ils aiment la plaine, comme le montagnard la montagne, comme le marin la mer.

Une observation capitale : ne louez jamais légèrement une chasse de plaine trop éloignée des bois ; le bois est un refuge ; et si les bois qui vous bordent sont gardés et giboyeux, l'avantage sera double. Je sais bien que le collet y trouve son affaire, et que les bordures sont pour les lièvres un passage autrement redoutable que celui du Rubicon; mais ne vous alarmez pas outre mesure, le voisinage de ces bois vous rendra amplement ce que vous volera le braconnier, et, si le coquin y trouve son compte, vous y trouverez le vôtre dans la personne intéressante de vos perdreaux, qui profiteront de ces remises pour déjouer bien des savantes manœuvres, dès qu'ils auront perdu cette candeur qui leur coûte tant de victimes pendant les premiers jours de l'ouverture.

Que de fois j'ai maudit un boqueteau trop fourré pour permettre aux perdreaux de s'y jeter, ou à votre serviteur d'en pénétrer les profondes retraites ! Comme ils passaient fièrement à tire d'ailes au-dessus des grands chênes, allant se remiser

bien au delà de la portée habituelle de leur vol !
Il fallait la deviner, cette remise ; or c'est toujours une affaire scabreuse et qui demande, avec
la connaissance parfaite du pays, un flair tout
particulier.

Si vous exploitez en société une chasse de
plaine, dès le mois d'octobre, vous serez fatalement obligé d'en venir à la battue, cette chasse
« cuisinière » (le mot n'est pas de moi) où vos
lièvres laisseront leur peau, mais dont les perdrix se soucieront peu, si je ne me trompe.

Je possédais encore l'année dernière, aux environs de Rambouillet, une fort belle chasse de
plaine, où mes amis et moi nous faisions des pro-
diges à l'ouverture ; mais les plus malins d'entre nous donnaient leur... fusil aux chiens quand,
par un temps sombre, il s'agissait de peloter les
perdreaux, *filant à ras de terre.*

Le perdreau est peut-être le plus intelligent des
gibiers de notre pays. Je suis persuadé que les
nôtres (comme ceux du voisin, comme les vôtres)
connaissent l'endroit précis où les attend la ligne
des tireurs. Au moment où l'on va presser la dé-
tente, chaque individu de la compagnie, avec une
rapidité que je ne connais à aucun autre volatile,
se jette de son côté et tous passent affolés, comme
les éclats d'un obus qui se brise.

Aussi, que de coups manqués ! que de déceptions !

Il n'en est pas de même par un temps clair,
quand la compagnie s'élève à une certaine hauteur.
La réussite est moins difficile.

Plus votre chasse sera voisine de terres giboyeuses et bien gardées, mieux elle vaudra. C'est
quelquefois une affaire que d'attacher le grelot
en prenant une location au milieu de terres libres,
et pourtant, dans l'intérêt de tous, il faut bien
que quelqu'un commence. N'hésitez pas, chasseur, vous serez récompensé de votre courage et
vous trouverez des imitateurs.

En somme, la chasse de plaine, charmante à
l'ouverture, ne vous donnera que de piètres résultats en automne ; et, en hiver, vous n'aurez
qu'une ressource contre la bredouille, cette battue que je déplore, qui n'est pas une chasse, et
sur laquelle cependant il nous faudra revenir plus
tard avec des détails dont la place n'est pas ici.

Une chasse de plaine au milieu de laquelle se
trouvent çà et là quelques « boquillons », quelques remises, vaudra toujours mieux, parce que
vous pouvez compter que ces petits bouquets
vous donneront l'occasion de trouver ou du moins
de conserver un plus grand nombre de lièvres ; si
lesdites remises ont une certaine étendue, vous

pourrez même y entretenir quelques lapins ; mais gare les dégâts !

Quant au faisan, il n'y faut compter que dans les chasses de bois. Si pourtant votre chasse est contiguë à des bois bien peuplés de faisans, il vous arrivera, le matin et le soir, d'en surprendre quelques-uns dans les pièces en bordure ; mais ce sera toujours une bonne fortune assez rare, de laquelle les propriétaires des bois vous garderont d'ailleurs rancune, et qu'ils vous feront payer de leur mieux par toutes les tracasseries qu'il leur sera possible de vous susciter.

Je conseille donc à ceux qui ne peuvent mieux faire de prendre une simple chasse de lapins plutôt qu'une chasse de plaine.

Dans un bois où il y a du lapin, il est toujours possible de passer une journée agréable. Avec quelques bassets, on jouit d'un véritable plaisir, ne fût-ce qu'en entendant la musique de ces bonnes petites bêtes. En exploitant ces bois avec modération, ou en prenant soin de remplacer en temps opportun les victimes, on y obtient des résultats satisfaisants, et en rapport généralement avec les dépenses ; mais il est bien entendu que le plaisir est porté en compte.

Nous allons donc étudier maintenant le véritable terrain de chasse, celui qui comporte des ressources et un fonds convenables à la création d'une véritable chasse, comprenant à la fois de la plaine et du bois, ou au moins des bois d'une étendue suffisante pour y entretenir chevreuils, faisans, lièvres et lapins. Mais là encore je ne parlerai que du fonds à exploiter, réservant les détails pour le moment où nous passerons en revue les questions complexes des devoirs du garde, de l'élève du gibier, et de la chasse en elle-même.

Je ne déciderai pas la question de savoir quelle doit être l'étendue de vos bois. Cela dépend de leur situation, du gibier qui s'y trouve, des propriétés voisines plus ou moins peuplées elles-mêmes, et de la façon dont la chasse y est amodiée, des essences forestières qui y dominent et d'autres causes encore, qu'il est impossible d'indiquer, parce qu'elles sont purement locales.

Les terres légères, sablonneuses, les terres *chaudes*, conviennent mieux au gibier que les terres fortes et grasses, et ceci est vrai, qu'il s'agisse du bois ou de la plaine. Les bois fourrés sont préférables aux bois clairs. Les ronciers conservent le gibier de toute espèce. Le faisan s'y réfugie, s'y fait battre et leur doit souvent son salut, soit qu'il dépiste le chien, soit qu'il se rase pour laisser passer le rabatteur. Le lapin y foisonne, s'il n'est pas trop tourmenté, et c'est dans un bois très-fourré que se rencontre principalement le *buissonnier*, ce lapin qui n'a pas de terrier et qui fait son affaire du premier tas de pierres venu. La femelle, avant de mettre bas, se creuse tout bonnement une *rabouillère* où elle élève sa progéniture, et le reste du temps elle vit sous bois comme le lièvre.

Une observation vieille comme la chasse, c'est que les lièvres seront toujours peu nombreux dans les cantons où le lapin sera *trop* abondant. Remarquez que j'ai dit *trop* abondant ; la raison n'en est pas, à mon avis, dans cette prétendue inimitié qui divise, selon bien des gens, ces deux intéressantes variétés de la tribu des rongeurs, mais bien dans les habitudes turbulentes de maître Jean Lapin. Le lièvre est un solitaire et un songeur ; le lapin est un philosophe et un épicurien. D'ailleurs quelle qu'en soit la cause, le fait est certain : si vous avez *trop* de lapins, vous aurez peu de lièvres. Je n'oserais affirmer que la réciproque soit vraie.

Les mûres sauvages, les petits fruits de l'alizier et du troëne sont des friandises de premier ordre pour le faisan ; mais ce qui est indispensable à ce royal gibier, que je considère à l'heure qu'il est comme la plus belle conquête de l'acclimatation

en France, c'est l'eau. Avec des semis de sarrasin, avec un agrainage bien entretenu, vous sup-
pléerez aux baies sauvages qu'affectionne le faisan ; mais, si vous n'avez point de mares, il est
inutile d'espérer le retenir.

Je crois cependant qu'il y a une exagération à
dire que le faisan se plaît de préférence dans les
bois humides ; il réussit fort bien dans les bois
sablonneux, pleins de bruyères, de fougères, de
ronces, s'il y a des mares en suffisance et bien entretenues, c'est-à-dire si ces mares ne tarissent
jamais. Quand cet inconvénient se produit, il
faut y remédier. Nous verrons plus tard par quels
moyens. Le mien n'est peut-être pas du goût de
tout le monde.

En ce qui concerne le chevreuil, c'est, de tous
les repeuplements, le plus difficile, et je ne conseillerai à personne de le tenter, à moins que les
bois ne soient très-étendus, et que vous n'alliez
chercher au loin, le plus loin possible, vos couples de repeuplement. De tous les gibiers, le chevreuil est le plus attaché au sol qui l'a vu naître.
C'est vous dire, n'est-ce pas ? que si votre chasse
comprend un fond de chevreuils qui lui soit propre, elle possède un mérite que vous devrez apprécier bien haut et ménager avec un soin tout
particulier. Faites comme nos ennemis les Alle-

mands, ménagez les chevrettes ; voilà tout le secret de l'abondance de ce joli gibier dans tous les bois situés de l'autre côté du Rhin.

Quand nous saurons être conservateurs, nous aurons acquis une des plus précieuses qualités qui nous font défaut.

Je ne dirai rien en ce moment du cerf ni du sanglier, car il n'est pas possible d'en parler sans quelques détails qui trouveront mieux leur place ailleurs.

Du reste, les cerfs et les sangliers sont rares dans la plus grande partie de la France, et les forêts qui en renferment sont assez connues des intéressés pour qu'il n'y ait pas à traiter des conditions qu'elles doivent offrir.

La division des bois, la manière dont ils sont coupés, la largeur et la disposition des routes ou chemins qui les traversent, sont autant de questions fort intéressantes.

Les ronds-points avec routes de chasse formant étoile sont une disposition favorable, surtout à la chasse à courre ; mais pour les battues au bois, le gibier, plutôt que le chasseur, y trouve son affaire. Les *pointes* aboutissant aux carrefours sont désavantageuses pour le tireur qui les garde ; car le plus souvent elles sont négligées ou *faites* avec peu de soin par les traqueurs, de sorte que le gibier s'y rase fréquemment, hésitant à prendre un parti, et finit par y rester sans qu'on ait eu connaissance de son approche. Ceci est vrai aussi bien pour le faisan que pour le chevreuil; je l'ai souvent constaté moi-même.

Les bois divisés en carrés sont plus faciles à chasser en battues; mais il existe peu de bois *coupés* de la sorte, et la chasse aux chiens courants y est abominablement difficile, à moins que l'on ne soit en nombre suffisant.

Moins il y a de routes, plus le gibier sera tranquille et plus il prospérera. Il va sans dire que le mode d'exploitation des bois n'est pas non plus sans influence sur la multiplication et l'abondance du gibier, de même que sur les résultats de la chasse.

Les jeunes coupes de l'année, les taillis de quatre ou cinq ans, les gaulis et les futaies seront, à tour de rôle, selon l'état du temps et la saison, fréquentés par le gibier.

L'hiver, il cherchera les rayons du soleil ou l'abri des grands forts. L'été, il se mettra au frais sous les vertes cépées des jeunes taillis. En cas de pluie, il ira chercher dans les gaulis clairs un abri contre « cette seconde pluie qui tombe des arbres », et qui n'est pas moins désagréable, au contraire, que la véritable.

Vous voyez que l'exploitation des bois, malgré les inconvénients qu'offre pour le gibier la présence d'ouvriers généralement coutumiers du péché de braconnage, ne laisse pas que de préparer des conditions favorables au chasseur.

Les bruyères, les landes, les friches enclavées dans les bois, tous ces terrains couverts de grandes herbes où ne poussent que de maigres bouleaux nains et quelques brins de chênes rachitiques, voilà encore un excellent terrain de chassé pour le petit gibier.

Quand à tous ces avantages vient se joindre celui d'une plaine en bordure, le terrain de chasse est parfait.

Vous n'aurez crainte que vos faisans aillent se faire assommer bêtement en plaine par un étranger, qui jamais ne vous fera la charité d'épargner vos poules. Votre garde n'aura nul souci de parcourir les champs pour les faire rentrer le matin ; il lui deviendra plus facile d'accomplir la tâche de surveiller la sortie et la rentrée de ses lièvres ; il pourra protéger les portées, en écarter les oiseaux de proie, et l'affreuse pie, qui est de tous le plus dangereux ; il pourra se garer plus aisément des collets posés *en batterie,* surtout si vous faites élever *en plaine,* à peu de distance des bois et sur des points opposés, de petites baraques dans lesquelles le braconnier ne saura jamais si le protecteur de votre gibier se trouve ou ne se trouve pas. Une de ces baraques vaut presque un garde en permanence; pour le voleur de gibier, à toute heure le garde peut en sortir comme un diable d'une boîte à surprises. Le moyen est bon, je vous le garantis.

De cette plaine, au mois de septembre, les perdreaux viendront au bois faire la sieste. Vous y trouverez toutes sortes d'avantages que vous apprécierez mieux par expérience qu'il ne me serait possible de l'expliquer.

Une telle chasse réunit les conditions les plus enviables; elle est parfaite ou elle doit l'être.

Si à tous ces avantagses elle joignait celui d'un étang, elle serait plus que parfaite.

La location du droit de chasse se fait au moyen d'un bail d'une simplicité élémentaire.

Les principales clauses, les plus importantes, se rapportent au prix de la location et à la durée du bail.

En ce qui concerne le prix de la location, il ne peut être indiqué aucune base, la valeur de la même chasse variant selon qu'elle est plus ou moins giboyeuse, et que les dépenses accessoires sont elles-mêmes considérables ou insignifiantes. Il appartient donc à chacun de juger du prix qu'il doit mettre à sa location en tenant compte des considérations de tout ordre qui varient pour chaque cas particulier.

Disons seulement que nous sommes loin du bon temps où le prix de 5 francs l'hectare était considéré généralement, aux environs de Paris, comme suffisamment rémunérateur. Pour une chasse ordinaire, dans laquelle vous serez obligé, le plus souvent, à un entretien et à un repeuplement assez dispendieux, il faut compter maintenant 10, 15 et jusqu'à 20 francs l'hectare. Un de mes amis paye à l'heure qu'il est 60 et jusqu'à 100 fr. l'hectare certaines portions de bois enclavées dans sa chasse. Je parle, bien entendu, de chasses de bois; la plaine, moins appréciée pour les raisons que j'ai dites, n'atteint pas des prix aussi élevés.

Une considération qu'apprécient, je vous en réponds, les chasseurs de la capitale, c'est la proximité de la chasse, qui fournit à la fois une économie de temps et d'argent. N'est-il pas quelquefois fort désagréable d'être privé d'une journée de plaisir longtemps attendue, parce qu'une affaire impérieuse, ou même une simple invitation, vous a retenu la veille jusqu'après le départ du dernier train?

Un agrément qui, lui aussi, a bien son mérite, c'est de n'avoir point à fréter une voiture pour faire le trajet de la gare d'arrivée à la chasse elle-même. Les loueurs, habituellement encouragés par l'absence de toute concurrence, et pensant que tous les chasseurs sont ou doivent être millionnaires, les étrillent de la belle façon; et remarquez que, le plus souvent, il n'y a pas à répliquer, il faut passer sous les fourches caudines.

Je connais plusieurs chasses (l'une fort jolie, ma foi!) dont les sociétaires montent en wagon à huit heures du matin, sont rendus à destination au bout de trois quarts d'heure, déjeunent chez leur garde, à quelques pas de la station, et ne mettent guère plus de quinze minutes pour gagner les bois, juste le temps de fumer londrès, cigarettes ou pipe, tout en faisant digestion. — Le train de retour part à cinq heures; avant six heures on est à Paris, une demi-heure après chez soi. Ne reste-t-il pas le temps de changer de costume, d'endosser au besoin l'habit noir, d'être en un mot présentable, et de dîner avec les dames? Voyez-vous quelque chose de mieux?

Toutes les chasses ne peuvent avoir aussi bonne façon. Faites donc pour le mieux; mais soyez convaincus que vous regretteriez, tôt ou tard, de ne pas avoir accordé à ces réflexions l'attention qu'elles méritent. — Petites misères que tout cela! Je sais bien. Ce sont en effet de petites misères, mais quand vous les aurez longtemps subies, vous reconnaîtrez avec moi qu'elles sont absolument le contraire des « bâtons flottants », et que j'ai raison de vous dire : De loin ce n'est rien, mais de près c'est quelque chose.

La durée du bail est habituellement de *trois*, *six* ou *neuf années;* si vous obtenez qu'on ajoute ces mots « à la volonté du preneur », vous vous épargnerez peut-être bien des ennuis. Vos actionnaires ne s'engagent habituellement que pour un an, leurs rangs peuvent s'éclaircir, et votre société peut s'en trouver atteinte dans ses sources vitales. Vous agirez donc sagement en réclamant l'insertion de cette clause.

Mais, d'un autre côté, vous ne devez pas oublier que plus la durée de votre bail sera longue, moins vous aurez de raisons d'hésiter à faire les frais d'installations premières, de destruction de bêtes puantes (achats de piéges), de repeuplement et d'élevage (œufs de faisans, poules couveuses, parquets), qui vous prépareront des plaisirs assurés.

Vous n'entreprendriez pas, j'imagine, ces coûteuses opérations, qui, soit dit en passant, augmentent la valeur de la chasse, si cette chasse ne vous était louée que pour une ou deux années.

Voici qui m'amène naturellement à exprimer le regret que j'éprouve chaque fois que je lis dans

un bail cette clause pénible, ordinairement relé-
guée au dernier article (*in caudá venenum !*)

« La présente location sera immédiatement
résiliée, à quelque époque que ce soit, dans le
cas où la propriété viendrait à être vendue avant
l'expiration du présent bail. »

Clause de Damoclès suspendue comme une menace permanente au-dessus de la tête des malheureux sociétaires, qu'elle fait souvent reculer
devant les généreuses mesures dont je parlais
tout à l'heure !

Si vous ne pouvez obtenir qu'elle soit extirpée
de votre bail, réclamez, en tous cas, et avec une
énergie appuyée d'excellentes raisons, que toute
saison commencée ou préparée par vos soins
vous soit acquise. J'entends qu'il ne saurait être
loisible au propriétaire de votre chasse de vous dire
au mois de juillet, alors que vous aurez mis dans
ses bois, poules faisanes, lièvres et lapins, à l'é-
poque où vous verrez déjà prospérer dans vos
parquets ces jolis faisandeaux que vous comptez lâcher au mois d'octobre :

— Cher monsieur, je viens de vendre ma propriété, votre bail est fini.

Ce qui revient à dire : Vos dépenses, vos peines
sont perdues, et vos espérances détruites.

Non pas ! Cela serait véritablement déplorable.

2.

De deux choses l'une : ou vous me laisserez la saison de chasse entière, pour récolter ce que j'aurai semé, ou vous me payerez une indemnité dont le chiffre, fût-il supérieur à mes déboursés, ne compensera jamais pour moi le plaisir dont vous me privez. Voilà tous mes projets à bas, et ma saison perdue comme mes soins et mes dépenses.

Du moment où il y a clause de résiliation, rien ne semble mieux répondre à cet esprit de justice auquel je faisais appel tout à l'heure, que la règle suivante (un bail de chasse devant se dénoncer comme un traité) :

« Le bail ne pourra jamais prendre fin avant « la fermeture d'une saison entamée. — Si la dé- « nonciation a lieu postérieurement à la ferme- « ture, la saison prochaine sera assurée aux lo- « cataires. »

Ainsi, un bail de chasse, à quelque époque qu'il soit conclu, doit prendre fin *le jour de la ferme- ture*, et non à une autre époque. Tout ce qui dépasse le jour de la fermeture, fût-ce d'un mois, fût-ce de quinze jours, peut causer au locataire un préjudice véritable, préjudice à la fois moral et matériel, et dont il est presque impossible au propriétaire d'offrir un équivalent.

D'ailleurs, en serrant de près la question, il serait, je crois, aisé d'établir que l'intérêt bien entendu des deux contractants, propriétaire et locataire, est identique.

Le meilleur moyen, je le redis encore, d'obvier à un tel inconvénient, consiste dans l'adoption de cette clause en vertu de laquelle « les locataires ne pourront jamais être dépossédés de leur jouissance avant la fermeture de la chasse, pour une saison entamée. » Que « si la dénonciation n'est pas notifiée *dans les quinze jours* qui suivront la fermeture, la saison suivante tout entière doit être assurée aux locataires. » Pour me faire bien comprendre, je dirai qu'un bail dénoncé le 1er mars 1875 ne pourra prendre fin qu'en 1876, le jour où la chasse sera close.

Mais j'entends que cette obligation ne liera pas seulement le propriétaire : elle est essentiellement synallagmatique (pardon pour ce gros mot!), et le locataire doit être également tenu de s'y conformer.

N'est-il pas évident, en effet, qu'un propriétaire sera fort empêché de louer sa chasse, si on la lui rend au mois d'août? Et pour certains bois qui seront toujours loués facilement, parce qu'ils sont fort giboyeux par eux-mêmes, très-largement approvisionnés par des réserves princières du voisinage, et aussi fort connus, il n'en faut pas moins reconnaître que la plupart des chasses demandent à être entretenues, c'est-à-dire qu'il faudra toujours faire quelque repeuplement en fin de saison; or, si vous notifiez l'abandon de votre chasse au mois d'avril, le propriétaire ne serait-il pas en droit de vous dire : — Il est trop tard! Si vous m'aviez averti au mois de février, j'aurais pu faire moi-même un repeuplement dont ma chasse et ma bourse eussent toutes deux profité. Repeupler une chasse, c'est faire un placement comme un autre. J'aurais pu, d'un autre côté, trouver des locataires pendant les deux mois que vous avez mis à prendre un parti. Ces locataires aujourd'hui seront peut-être éloignés par l'impossibilité d'engiboyer utilement mes bois; pour eux comme pour moi, voici une saison perdue, ou du moins compromise.

Vous voyez que le propriétaire, lui aussi, aurait de bonnes raisons à vous opposer; j'étais donc dans le vrai en disant que votre intérêt était le même.

L'objection est-elle bien sérieuse, qui consiste à dire qu'en cas de vente, une propriété dont la chasse louée ne pourrait être immédiatement rendue, se trouverait grevée d'une sorte de servitude? Est-ce là, vraiment, ce qu'il faut entendre par ce « démembrement de la propriété », dont on a singulièrement, il me semble, exagéré la portée?

Il ne s'agit, en somme, que de quelques mois.

Je crois qu'il serait plutôt de l'intérêt bien entendu du propriétaire de prendre des réserves contre la destruction complète du gibier, que des locataires, aussi égoïstes que peu scrupuleux, pourraient être tentés d'exécuter dans la dernière année de leur location.

C'est là qu'est le danger pour tous et pour chacun, pour la chasse comme pour les chasseurs, pour le propriétaire surtout, qui verra se tarir la source d'un revenu important, le jour où, faute de gibier, il ne trouvera plus à louer le droit de chasse sur sa propriété.

Je ne vois donc aucun inconvénient à la stipulation suivante ; j'avoue même que je voudrais la voir figurer dans le bail de location de toute chasse *bien engiboyée.*

« En fin de bail, les locataires de la chasse se-
« ront tenus de représenter TANT de poules fai-
« sanes. Ils s'engagent, d'ailleurs, à ne pas tuer
« plus de TANT de chevreuils par saison. »

A ceux qui cherchent une location, et que ces obligations pourraient effrayer, je dirai qu'il leur appartient d'apprécier les ressources de la propriété en la visitant, et que, s'ils achètent chat en poche, ils ne pourront s'en prendre qu'à eux.

Souvent il arrive que la surveillance de la chass
soit confiée aux soins d'un garde payé par le pro
priétaire, *ses appointements étant compris dans l
prix de la location.* Il y a là un inconvénient qu
peut devenir très-grave. Nous examinerons plu
tard les difficultés de diverses natures qui en résul
tent habituellement. Je me bornerai à dire, pou
l'instant, qu'il est prudent de demander au pro
priétaire que les appointements de ce garde (*s'il e
à la fois chargé de l'exploitation pour son maître
de la surveillance par la société*) soient payés d
compte à demi par le propriétaire et par le locatair

Il est de toute nécessité que le garde-chasse
sente sous la main des locataires. Recevant d'e
ses appointements, il est plus lié, plus dépendar
Cela, d'ailleurs, est parfaitement juste; c'est
chasse qu'il surveille, c'est donc pour le comp
de la société qu'il travaille; il est son agen
c'est le locataire qui doit le payer.

Tout ce qui précède est essentiellement du re
sort du *titulaire* de la chasse. Pourquoi faut-il qu
si fréquemment, de tout cela, comme des aut
connaissances nécessaires à la conduite d'u
chasse, la compétence manque entièrement à
titulaire?

Occupons-nous donc un peu de cet import
personnage.

C'est sur le titulaire, sur ses connaissances pratiques, sur les soins qu'il donne aux affaires, je veux dire aux plaisirs de la société, que repose tout le poids de la chasse ; c'est entre ses mains qu'est déposé son avenir. Il peut le bien et le mal. C'est le titulaire qui apprécie, avant la location, la valeur des ressources giboyeuses de son terrain. S'il n'est pas accompagné d'un homme compétent lors de la visite de la propriété, à moins qu'il n'ait fait un pacte avec la veine (et j'en connais !), il se laissera aisément séduire et par l'aspect des lieux, et par les récits, les promesses et les finesses du garde, qui le fera repasser plutôt trois fois qu'une dans les « bons coins. »

Une propriété est toujours belle quand on la visite par un beau soleil avec l'espérance d'en devenir le pseudo-propriétaire, d'y trouver bientôt des plaisirs aimés. On suppute dans son esprit ce que les massifs doivent renfermer d'habitants à plume et à poil ; la moindre « jouette » est appréciée comme un indice plein de promesses ; tout est beau, tout est bien. Et puis le garde, qui est là, chauffant l'enthousiasme de son visiteur, en prévision du don de joyeux avénement !

Ce n'est point avec de telles dispositions d'esprit qu'il convient de parcourir votre futur domaine. Soyez, au contraire, disposé à vous montrer sévère pour les inconvénients et les désavantages que vous remarquerez. Imitez l'homme sage qui, voulant apprécier la valeur de son opinion, au lieu de s'appesantir sur les arguments tendant à la déterminer, envisage sans passion les motifs contraires, les raisons opposées ; qui examine, non pas seulement les aspects favorables à cette opinion, mais qui réfléchit de préférence à ceux qui la combattent.

N'est-ce pas là ce qu'on nomme une opinion raisonnable? Or la détermination que vous avez à prendre demande à n'être pas arrêtée à la légère. C'est d'elle que dépendent vos plus chers plaisirs ; c'est elle qui peut vous causer les plus pénibles déceptions.

Il ne suffit pas que le titulaire ait loué une chasse : il doit pouvoir la diriger, surveiller le garde, s'entendre aux ruses du métier, avoir l'œil prompt et l'esprit vif. Que de chasses qui devraient être superbes, et que l'incompétence du titulaire réduit au plus triste état ! Que de déceptions qu'un peu de connaissances pratiques eussent évitées! Que de bredouilles !

Un titulaire insuffisant n'est pas seulement pour ses actionnaires la source de leurs déboires, il cause d'ordinaire à la chasse qu'il devrait entretenir un véritable préjudice. Si son incompétence n'est pas compensée par les qualités d'un garde habile et honnête, non-seulement ses associés ne trouveront que des ennuis où ils venaient chercher un plaisir, mais la chasse elle-même sera conduite de chute en chute à un dépeuplement qui, dans une propriété offrant de médiocres ressources, ne tardera pas à devenir complet.

Mais c'est un oiseau rare que ce garde honnête et habile dont je parlais tout à l'heure. La plupart du temps le garde doit être surveillé, et, s'il rémarque chez le titulaire une ignorance de la chasse à peu près complète, comme cela a lieu trop souvent, il n'en faut pas davantage pour qu'il se laisse aller à cette tentation d'exploiter de temps en temps le gibier pour son propre compte ; or, dès qu'un garde a mis le pied sur cette pente fatale, c'est un garde perdu, c'est le plus dangereux des braconniers.

Le premier soin d'un titulaire ayant conscience de son insuffisance doit donc être de chercher à suppléer à ce défaut de connaissances pratiques.

Si l'un de ses adhérents possède l'expérience nécessaire, tout sera pour le mieux ; dans le cas contraire, il ne pourra s'en remettre qu'au garde du soin de sortir d'embarras.

C'est donc avec toutes sortes de scrupules qu'il devra procéder au choix de l'homme auquel sera confié l'avenir de sa chasse. Que saint Hubert lui soit en aide !

Nous verrons, quand nous nous occuperons du garde, les conditions qu'il faut exiger de ce serviteur sans lequel, de la plus belle des chasses, je ne donnerais pas une obole.

Un des inconvénients les plus regrettables qui se produisent dans la plupart des sociétés consiste précisément dans l'incompétence de celui qui dirige les chasses, comme dans le peu de souci qu'il prend habituellement de toutes les affaires intéressant les plaisirs de ses associés. Vous n'avez pas d'idée des manœuvres insensées que j'ai vu commander et exécuter « dare dare » par une bande de braves chasseurs s'entendant à la chasse comme s'entendent les poules à la natation.

En ce cas, comme je l'ai déjà dit, le gibier devient rare, ou déjoue facilement de maladroites poursuites ; la chasse diminue d'attraits de jour en jour, les sociétaires murmurent, puis se lassent, puis s'en vont, chacun de son côté, laissant au titulaire le souci de courir l'actionnaire pour former une société avec de nouveaux éléments.

Tous ces inconvénients, dont je connais par expérience la gravité, seraient épargnés aux actionnaires comme au titulaire, si celui-ci ne se chargeait habituellement de la partie technique, même dans le cas où les connaissances indispensables lui font défaut.

Dans une société de chasse, il y a, en effet, deux parties bien distinctes : la partie financière et la partie *artistique*, si vous me passez le mot. Que le titulaire conserve, en tous cas, la première; c'est pour lui un devoir; et, dans les sociétés de moyen ordre, c'est-à-dire dans la plupart des cas, cela suffira toujours à lui donner une autorité morale suffisante; mais, en vérité, ce n'est pas assez d'avoir loué une chasse pour avoir le droit de la mal conduire.

C'est une tâche fort délicate que de diriger une chasse, de donner au garde des instructions efficaces, de prendre en temps opportun les mesures utiles pour la conservation du gibier, pour la destruction des bêtes puantes, l'élevage du faisan. Un garde qui se sent contrôlé par un homme compétent fait mieux son métier. Or, à toutes ces choses, il faut se connaître, sous peine de se laisser duper.

Peut-être serait-ce ici le moment de parler du *président* de la société; cependant il me semble que nous ferons bien en nous occupant d'abord de sa constitution.

Qu'il ait reçu de quelques amis le mandat de chercher et de louer une chasse, ou qu'il ait pris de lui-même cette louable initiative, le titulaire s'adjoint un certain nombre de chasseurs qui partageront ses plaisirs en prenant leur part de ses dépenses.

Ce sont des *actionnaires* ou des *sociétaires,* selon qu'il leur sera attribué une *action* de chasse ou une *part de société*.

Je condamne absolument le système des *parts de société*.

Dans ce système, chacun des coassociés a une part égale dans la *propriété de la chasse,* et possède les mêmes droits. De là toutes sortes de conflits que l'autorité du président *élu* est presque toujours impuissante à prévenir ou à apaiser. C'est un peu l'histoire de nos officiers de « moblots », dont l'action sur leurs hommes était d'autant moins efficace qu'ils devaient à ces braves soldats ce grade en vertu duquel ils avaient le droit de les flanquer à la salle de police.

Je serais partisan du système électoral, en matière de chasse; je pourrais approuver par conséquent les parts de société, si les électeurs ne se considéraient, *in petto,* comme investis du droit de révocation; si, à la moindre anicroche, ils ne manifestaient l'indépendance de leurs opinions en se montrant disposés à renverser le pouvoir qu'eux-mêmes ont acclamé.

Il est difficile, n'est-ce pas? de contenter « tout le monde et son père? » Le meilleur président de chasse ne saurait avoir la prétention de satisfaire tous ses camarades; il est donc nécessaire, surtout dans les sociétés composées d'éléments divers, de gens qui, ne se connaissant pas la veille, sont destinés à prendre pendant de longs mois les mêmes plaisirs, il est indispensable qu'une autorité respectée maintienne une règle commune de laquelle résultent le bon accord... et le succès commun.

Ces inconvénients ne sauraient se produire en aussi grand nombre et avec les mêmes conséquences dans une société montée par actions. Le principe, étant opposé, ne peut donner les mêmes résultats.

Le titulaire de la location est seul le propriétaire du droit de chasse. Il concède un certain nombre d'actions *à des conditions déterminées d'avance :* chacun de ses adhérents en prend connaissance avant de s'engager. Il ne saurait donc s'élever de ces contestations à la fois ridicules et préjudiciables à l'intérêt de tous, qui ne manquent jamais de se produire dans une société dont tous les membres, ayant les mêmes droits, prétendent à la même autorité.

Que de discussions ne soulève pas, chaque jour de chasse, la seule question de savoir où l'on commencera les traques, comment elles devront être conduites? Que chacun dise son avis, je n'y vois pas grand mal (bien que, la plupart du temps, ceux qui causent le plus haut soient précisément ceux qui devraient garder le silence); mais que tous veuillent faire prévaloir leur opinion, voilà qui est en même temps une impossibilité matérielle et la source d'interminables ennuis.

L'*actionnaire* a reçu communication des règles qui servent de base à la société; il n'a donc pas de raison pour entamer une de ces controverses qui quelquefois tournent à l'aigre, sans rien produire que des embarras. Il peut exprimer un désir, mais non pas revendiquer un droit, comme le titulaire d'une part de société.

Sans doute, il est des sociétés où jamais de semblables difficultés ne prendront un caractère trop déplaisant; aussi n'est-ce point pour celles-là que j'écris. — Mais je suis certain de donner un bon avis au titulaire en lui conseillant de s'adjoindre de simples actionnaires. — Tant que ses adhérents seront de ses amis, de ses connaissances personnelles, il est probable qu'il n'aura pas à regretter les ennuis que j'ai signalés (et encore n'en répondrais-je point!). Mais, le jour où il accueillera un étranger, parfaitement recommandable du reste, et appuyé du meilleur patronage, il peut se faire qu'il ait à regretter de lui avoir donné une part de société et non pas une action. Je connais un homme, charmant partout ailleurs, mais qui est un détestable compagnon de chasse, et je plaindrais les amis qui lui donneraient une part de société.

Je m'aperçois que je n'ai pas indiqué d'une manière bien précise ce qui constitue la part de société.

Quand un certain nombre de chasseurs louent en commun le droit de chasse sur une propriété; quand ils sont nominativement désignés dans le bail, chacun étant ainsi personnellement engagé vis-à-vis du propriétaire; quand tous, en un mot, sont solidaires, chacun d'eux possède une *part de société.*

Dans le système des *actions,* le titulaire seul est responsable de la location.

Cette distinction établie, il me semble parfaitement inutile d'insister.

Je ne veux pas dire que le locataire du droit de chasse doive s'abstenir d'écouter les conseils ou les désirs de ses camarades; je n'en veux pas faire un monarque absolu; mais, en cela, comme en toutes choses ici-bas, il faut une règle, et, cette règle posée, il faut quelqu'un chargé de la faire observer.

Ne résulte-il pas de tout ce qui précède la nécessité absolue de mettre à la tête de chaque société un *président*, chargé de donner au garde ses instructions, de lui tracer ses devoirs, de s'occuper avec lui de toutes les questions intéressant les plaisirs communs, de conduire les battues, etc.? N'est-il pas dès maintenant prouvé que celui-là doit être désigné par ses connaissances pratiques, et non pas seulement par son droit de locataire de la chasse?

Ce président, dans chaque société, doit borner ses fonctions à la partie technique, toutes les affaires d'argent étant essentiellement du ressort du titulaire.

Dans une société montée par actions, les pouvoirs du président ne sont pas exposés aux vicissitudes sur lesquelles je me suis étendu à dessein : c'est du titulaire qu'il tient son mandat ; c'est une délégation qui lui est donnée et qu'il exerce sans que ses camarades soient fondés à la contester.

Est-il besoin d'ajouter que, pour fixer son choix, le titulaire ne saurait manquer à l'obligation de consulter ses amis et de s'assurer de leur assentiment? Non sans doute, car, s'il est bon quelquefois de ne pas mettre sous le boisseau ses propres lumières (quand on en possède), il n'est qu'un sot qui se croie plus de jugement que tout le monde.

Si dans le nombre des actionnaires il ne s'en touve pas un possédant les connaissances nécessaires, il arrivera fatalement que la chasse sera bientôt à la discrétion du garde, auquel seront dévolues en fait les attributions du président, le titulaire se trouvant réduit au rôle de la mouche du coche.

Mais, dans tous les cas, et pour toutes les sociétés, il est indispensable qu'un règlement, sans appuyer outre mesure sur les devoirs de chacun, lui trace d'une façon précise la limite de ses droits, et détermine les conditions auxquelles il pourra les exercer.

Même pour une société composée de bons camarades et, cela va sans dire, de gens bien élevés, un règlement est nécessaire. Plus ce règlement sera précis, mieux il vaudra. L'expérience pourra vous amener à modifier tel ou tel article ; mais que cet article, comme tous les autres, soit scrupuleusement observé tant qu'il n'aura pas été rapporté. Que toutes les règles posées soient respectées. — J'ai vu bien des sociétés, pourvues d'un règlement sage, mettre avec entrain ce règlement en pratique pendant les premiers mois, puis, de concession en concession, en venir à l'abandonner.

N'imitez pas cet exemple : comme les sociétés dont je parle, il conduirait la vôtre à l'anarchie.

Si je réclame un règlement, c'est que je le sens indispensable ; le titulaire, le président, les sociétaires, tous y trouveront leur compte.

Quand nous aurons passé en revue toutes les questions qui doivent y rencontrer leur solution, nous serons en mesure de formuler, dans leur ordre logique, les différents articles de ce règlement, ferme sans être déplaisant, qui doit servir de base à toute société de chasse bien organisée. Ce sera la conclusion de ce travail.

Le chenil.

CHAPITRE II.

Pas de chasse vraiment belle sans un bon garde.

Avant d'examiner les qualités que doit posséder le garde et de passer en revue les devoirs qu'il doit strictement remplir, il convient de dire leur fait à nombre de *sociétés,* dont la parcimonie envers cet utile serviteur est une des causes qui contribuent le plus à développer les défauts qu'on lui reproche.

Il faut que le garde puisse vivre de son métier, mais j'entends VIVRE *en mettant quelque chose sur son pain.* Il est donc convenable de proportionner son salaire aux conditions d'existence du milieu dans lequel est située votre propriété. Six ou sept cents francs peuvent être suffisants en province, dans le fond d'une campagne, tandis que ce chiffre ne saurait représenter la somme nécessaire à l'existence d'un garde et de sa famille aux environs de Paris.

Quand je parle de la famille du garde, c'est que je suppose que la plupart du temps il vous sera fort agréable, et peut-être fort nécessaire, de pouvoir déjeuner ou dîner chez lui ; et puis, il n'est qu'une femme de garde qui sache vraiment faire sauter un lapin.

Or, je n'aime pas qu'un garde soit obligé, pour faire vivre sa femme et ses enfants, d'ajouter une occupation étrangère au métier qu'il remplit pour son maître. N'eussiez-vous que quatre cents arpents de bois, il y a là de quoi occuper tous ses instants, si vous tenez à tirer de votre chasse le parti que vous devez attendre de soins assidus et intelligents.

Si nous prenions pour exemple les gardes des forêts de l'ancienne liste civile (non pas seulement de la dernière), nous serions étonnés que, pour d'aussi maigres salaires, il ait été possible de recruter un personnel d'une telle valeur. Ces hommes gagnaient pour la plupart de sept à neuf cents francs par an ; avec le logement, le jardinet, parfois le droit de pâture pour une vache, et le lapin quotidien ou à peu près, on arrive à parfaire un chiffre de mille à treize cents francs. C'est quelque chose, sans doute, pour ces pauvres gens ; mais il faut remarquer que le plus grand nombre des gardes particuliers ont des appointements plus élevés, et cependant j'affirme sans hésitation que les gardes de la Couronne ont été, de tout temps, de véritables modèles en comparaison de la plupart de leurs confrères.

J'engage ma parole que mon intention n'est pas de faire de la politique, mais je trouve la raison de cette supériorité dans la stabilité (hélas ! bien loin de nous en ces temps troublés) que semblait présenter toute fonction se rattachant de près ou de loin à l'État. Sous nos anciens rois, on était garde de père en fils.

Sauf de bien rares exceptions, quel maître, aujourd'hui, quelle société pourrait garantir à son bon serviteur cette précieuse assurance ?

C'est là l'unique cause qui puisse expliquer la supériorité des gardes de la Couronne.

Il est donc de l'intérêt d'une société de s'attacher son garde par une rémunération suffisante, de manière qu'il n'ait point à combattre la tentation de grossir son salaire au préjudice du gibier.

Dans quelques sociétés modestes, un paysan

bien noté recevra un très-mince salaire (trois ou quatre cents francs, par exemple) pour surveiller de temps en temps la propriété. Avec le bénéfice provenant de la pension des chiens, cela lui donnera un petit revenu, en échange duquel il pourra rendre quelques services; mais ce n'est pas là ce qu'à proprement parler on peut nommer un garde, et je n'insiste pas.

Il est bien rare de rencontrer réunies chez le même homme les qualités et les connaissances que doit en même temps posséder un bon garde. Avant toute chose, il doit être honnête : aussi ne saurait-on réclamer trop de garanties à cet égard.

L'énergie morale, la vigueur physique, sont aussi indispensables que le sang-froid et la sobriété. Quand j'écris *sobriété*, je veux dire celle qui se rapporte à la dive bouteille, trop chère à quelques gardes de ma connaissance.

Je sais un vieux chasseur qui a refusé successivement quatre gardes dont les nez fleuris lui semblaient un témoignage assuré d'intempérance alcoolique. Voilà ce qui s'appelle juger son homme *à vue de nez*. Peut-être condamnerez-vous cette sévérité.

Les *connaissances pratiques*, voilà, avec l'honnêteté, la grosse affaire !

Mais ici, tout naturellement, se présente une

difficulté : tout d'abord, c'est à l'œuvre que se juge l'ouvrier; et puis, pour apprécier le mérite d'un garde en l'interrogeant, il faut être soi-même chasseur. Les certificats sont une excellente chose, mais ils ne me paraissent pas suffisants.

Une qualité bien précieuse chez un garde, c'est d'être bon piégeur. Tant que vous aurez le bonheur de posséder dans vos bois renards, martres, fouines, putois ou belettes, vous n'aurez jamais une chasse vraiment giboyeuse, quelles que soient, d'ailleurs, ses ressources et vos dépenses.

Sans doute, ce n'est pas une affaire que de tendre un piége ; encore faut-il savoir où le mettre, et ce qui demande cette expérience que je réclame, c'est justement de choisir le bon endroit. On ne tend pas de la même façon pour un terrier *en berge* que pour un terrier en *plein bois*. Quelle que soit la finesse du renard, le blaireau demande bien plus de précautions; mais, heureusement, il est moins dangereux pour le gibier.

Ce n'est pas non plus une chose toujours aisée que de reconnaître la passée d'une fouine.

Tous les gardes devraient s'appliquer à acquérir ces connaissances précieuses, car, s'ils ne les possèdent pas à fond, un bon quart de votre gibier deviendra la proie des bêtes de rapine. Quant aux repeuplements, vous pouvez les considérer d'avance comme à peu près perdus ; les faisans, en particulier, échapperont rarement au désagrément de servir de déjeuner à quelque renard rentrant bredouille de sa tournée nocturne.

Le garde doit visiter chaque jour et entretenir en bon état les sentiers d'assommoir, enlever les animaux qui peuvent y être pris, ou s'assurer que ses piéges fonctionnent bien. Je ne sais rien de plus pénible que de constater qu'une bête nuisible a échappé au sort qui l'attendait, parce que le piége était en mauvais état ou mal tendu.

Nous parlerons de tout cela en détail, car un garde bon piégeur se rencontre rarement. Bien piéger est peut-être, de toutes les connaissances ayant trait à la chasse, celle qui demande le plus d'esprit d'observation, d'expérience et de patience.

Une autre qualité que doit aussi posséder un garde, c'est de savoir donner aux chiens, en cas de besoin, des soins élémentaires. Je ne prétends pas exiger, bien entendu, que le garde en sache aussi long qu'un vétérinaire, mais je veux qu'il puisse guérir les « rougeurs », les chancres ; qu'il sache distinguer le moment où il convient d'administrer aux chiens une bonne purgation ou du *semen contra* ; il doit pouvoir recoudre une plaie et la panser. Est-il besoin d'ajouter que les soins hygiéniques à donner à nos bons compagnons de chasse doivent lui être familiers ?

Dans toutes les chasses, de plaine comme de bois, je veux que le garde soit en état de faire des *élèves.* Il en coûte bien peu de recueillir les œufs de perdrix, à l'époque où l'on coupe les luzernes : ce sont, presque partout, des œufs perdus. Si la période d'incubation est déjà avancée, les faucheurs les laissent sur place ou s'en servent comme les écoliers de boules de neige ; si, au contraire, la perdrix n'a pas achevé entièrement sa ponte, ou si elle couve depuis un jour ou deux seulement, ses œufs, étant mangeables, seront convertis en omelette dès le même soir. Avec quelques poules et quelques soins, bien faciles quoi qu'on en ait dit, vous rendrez à votre chasse une bonne partie de ce que détruit tous les ans la faucille.

Nos confrères de la province s'imagineront difficilement le nombre considérable d'œufs de perdrix qui sont recueillis chaque année dans quelques chasses giboyeuses des environs de Paris.

Il y a quelques années, un de nos amis désirait avoir une certaine quantité d'œufs pour repeupler sa propriété dévastée. Cet ami ne pouvait guère mieux s'adresser qu'à nous. En donnant les ordres nécessaires, j'omis d'indiquer le chiffre qu'il ne fallait point dépasser. Le garde fit appel à quelques fermiers du voisinage ; au bout de quelques jours notre homme avait reçu plus de *neuf cents œufs,* qu'il expédia séance tenante.

Les deux tiers furent gâtés pendant le transport ; ce qui parvint à destination fut mis tant bien que mal sous des couveuses, et c'est tout au plus si le garde de notre ami parvint à faire une trentaine d'élèves.

C'était un conscrit.

Le garde doit aussi s'occuper de l'élevage des faisans, soit que vous recueilliez les œufs pondus en bordure de bois, soit que vous achetiez des œufs de faisanderie.

Voilà encore de la besogne intéressante.

La surveillance de la chasse n'est soumise à aucune règle. — Quand un seul garde en est chargé, comme il ne peut être jour et nuit de service, ni partout à la fois, plus il sera irrégulier dans ses tournées, mieux cela vaudra.

Un jour, il sera rendu à son poste avant le lever du soleil, se reposera au milieu de la journée et reviendra le même soir sur son terrain ; le lendemain, il prendra son service vers midi et le continuera jusqu'à la tombée de la nuit ; un autre jour il commencera sa tournée à minuit pour rentrer le matin, et retourner au bois vers deux heures.

Il ne faut pas non plus que les maraudeurs, sachant qu'il a passé la matinée dans un certain canton, soient à l'avance assurés qu'il explorera le soir une autre partie de la propriété. Pour le braconnier, le garde doit être partout en même temps et toujours à son poste.

J'ai connu un garde qui, chaque jour de chasse, venait invariablement attendre ses maîtres à la gare du chemin de fer ; s'il allait au bois le matin (y allait-il ?), il devait en partir à huit heures, et il n'y reparaissait plus qu'après le déjeuner, en même temps que les chasseurs. J'ai toujours attribué à cet homme la responsabilité des déceptions qui marquaient bon nombre de journées.

En dehors de la surveillance de la chasse, et avec une égale sollicitude, le garde doit s'occuper du gibier. Quand j'aurai dit qu'il est obligé, dans l'intérêt de votre bourse, « de surveiller le lapin » et de signaler les progrès de sa multiplication ; qu'il doit connaître et protéger chaque nid de faisans, en battant soigneusement et discrètement le bois à une trentaine de mètres tout à l'entour, de manière à reconnaître l'approche des bêtes nuisibles qui pourraient le menacer, je n'aurai pas encore achevé d'indiquer tous les soins auxquels il est tenu de se livrer sans relâche.

Un bon garde doit, par tous les moyens en son pouvoir, chercher à concentrer le gibier vers le centre de la propriété. Il fera, en conséquence,

et à l'adresse des faisans qu'il faut soigner davantage jusqu'au moment où ils seront bien acclimatés et suffisamment nombreux, un copieux
agrainage. — Ce précieux gibier sera ainsi, peu à
peu, éloigné des bordures. Pour le conduire à
l'endroit de cet agrainage, le garde emploiera une
manœuvre renouvelée de Petit Poucet; seulement
au lieu de semer de petits cailloux, il se servira de
bel et bon sarrasin et d'orge, faisant de la circonfé-
rence au centre des traînées de graines que trouvera, dès le matin, l'oiseau descendant du « branché, » et qu'il suivra jusqu'à l'endroit où lui seront
préparées généreusement les friandises naturelles
et artificielles qui flattent le plus sa gourmandise.

C'est donc au centre du bois qu'il faut faire le
semis, non-seulement sur les vieilles places à
charbon, mais aussi sur les bas côtés des routes,
dans les faux chemins, dans les sentiers libres,
partout, en somme, où cela est possible. C'est là
qu'en hiver il jettera les plus gros tas de marc de
raisin ; c'est là que dès l'automne il plantera ses
« *bonshommes* » de sarrasin.

Vous savez ce que c'est qu'un « bonhomme ».
Pour ceux qui ne connaîtraient pas cette élégante
désignation, je dirai qu'on fait un bonhomme en
liant, au-dessous des épis, une forte gerbe dont
on écarte les jambes, je veux dire les tiges par en

bas, de manière à lui donner une solide assiette. Vous voyez que la fabrication est simple. Les jambes écartées, le bonhomme se tient debout; mais il faut avoir soin que sa tête ne s'élève pas à une hauteur exagérée, pour que le faisan et surtout le faisandeau puisse atteindre, sans trop de mal, les mèches les plus élevées de sa chevelure d'épis.

Il est hors de doute que les lapins profiteront de la circonstance pour se payer des noces de Gamache; mais qu'y faire? Ce ne serait pas, d'ailleurs, le cas de prétendre que le remède est pire que le mal, puisque, d'abord, les gourmands y gagneront en rondeur et en succulence, et que l'attrait de cette friandise, qui ne leur était pas destinée, les éloignera autant que possible des bordures de plaine, au grand avantage de votre bourse, ainsi allégée d'une partie de ces irritables *indemnités pour dégâts*, si fécondes en désagréments de toutes sortes : expertises, contre-expertises, arbitrages, procès, et le reste.

J'ai même vu opérer une tentative ayant pour objet de fournir au gibier du bois, et au centre même de la propriété, de véritables « gagnages ».

Çà et là, dans les endroits où l'opération pouvait se pratiquer sans inconvénients ou sans de trop grandes difficultés, de petits champs de luzerne, de sainfoin, de trèfle avaient été semés

dans toutes les règles, après un véritable labo
rage, sans préjudice, bien entendu, des sen
d'orge et de sarrasin destinés aux faisans. Il
sans dire qu'on avait choisi, pour cette opératic
des terrains vagues, des friches ne produisant rie

Je vous laisse à penser quelle fête pour les
pins, et combien ils se montrèrent sensibles
cette aimable attention. Trop sensibles, héla
Quels ravages ! Je n'ai jamais mieux constaté co
bien le besoin de gaspiller dépasse, chez le lap
le besoin de se nourrir. Il a fallu en venir à pal
sader, à l'aide de treillages mobiles, solideme
fixés à terre par des pattes en fer, les contours
chaque petite pièce. Je crois que les tiges étaie
dévorées à mesure qu'elles sortaient de terr

On abandonnait aux rongeurs une partie se
lement du garde-manger ; quand cette partie ét
bien tondue, bien piétinée, bien nettoyée, e
était de nouveau close pour un certain temps,
manière à laisser pousser un « regain », puis
verte de nouveau, puis close encore une fois, j
qu'à ce que..... l'inventeur de cette opération
peu fantaisiste l'eût enfin condamnée lui-même.

Je n'en suis pas, de mon côté, fort partisa
cependant elle indique un esprit de prévoyan
qui, appliqué dans des conditions moins di
ciles et surtout moins dispendieuses, ne laiss

rait pas que de produire de fort bons résultats.

J'approuve donc et je recommande le principe, laissant à chacun le soin de l'appliquer selon ses moyens.

Dans une chasse peuplée de faisans, le garde doit avoir grand soin d'entretenir les mares en bon état, je veux dire qu'il doit faire incessamment de petits curages pour celles qui ne sont pas suffisamment profondes, et surtout pour ces petites flaques d'eau qui se sèchent dès les premières chaleurs. Une mare large et profonde ne demande pas les mêmes soins; ce sont donc les petites qui devront surtout appeler l'attention du garde. Il ne devra jamais y laisser séjourner de branches mortes, qui gâtent rapidement un faible volume d'eau. Au commencement de chaque printemps il retirera toutes les feuilles tombées à l'automne. Ce travail, quand il est fait régulièrement tous les ans, ne donne pas grand mal et le garde doit s'en charger lui-même. Toutes ces feuilles rejetées sur les bords, et avec lesquelles est toujours enlevé un peu de terre bourbeuse, forment des berges dans lesquelles poussent bientôt des herbes et des roseaux qui garnissent d'une fraîche ceinture les abords de la petite mare, et le faisan qui, comme vous savez, ne déteste pas l'eau, vient souvent y chercher un abri contre les grandes chaleurs. En procédant à cette opération, on gagne toujours en largeur et en profondeur, de sorte qu'au bout d'un certain temps, au lieu d'une simple flaque d'eau croupissante, on finit par avoir une véritable mare.

C'est surtout pour le faisan qu'il est utile d'avoir toujours de l'eau dans l'intérieur du bois ; mais il est d'autres mesures que réclame le gibier à poil. Il en coûte peu d'argent aux locataires de la chasse, et peu de peines au garde, de recueillir quelques *mesures* de mauvaises betteraves, carottes, etc.; or, toutes ces choses sont fort appréciées par les lièvres, par les lapins, voire par les chevreuils.

L'hiver, quand la terre est couverte de neige, c'est une excellente précaution que d'en répandre au travers des bois et surtout dans les *coulées* suivies par le gibier. Quelques bottes de fourrage (sainfoin, trèfle ou luzerne) doivent lui être également offertes ; les chevreuils, en particulier, vous témoigneront leur gratitude de ces libéralités en se montrant plus sédentaires : ils se tiendront d'autant plus volontiers chez vous qu'ils seront habitués à y trouver une table mieux garnie.

Il va sans dire que, par les temps de neige, le garde devra s'attacher davantage à fournir au faisan la nourriture qu'il ne peut plus trouver. Le faisan, n'étant pas un gibier indigène, se recommande davantage à votre sollicitude. Il faut

balayer les places où se fait habituellement l'a-
grainage et y répandre de l'orge et du sarrasin.
C'est par les temps de neige, surtout, qu'il est bon
d'entretenir quelques traînées convergeant vers le
centre de la propriété, où doit se faire à toute
époque, je ne puis me lasser de le redire, l'a-
grainage le plus abondant.

Ajoutez à ces occupations multiples la surveillance incessante de la propriété, les soins à
donner au chenil, le dressage des chiens d'arrêt,
le petit entretien de cette modeste basse-cour
où seront élevés tous les ans perdreaux et faisandeaux, et vous reconnaîtrez que je n'ai rien
exagéré en demandant que le garde n'ait pas
d'autres occupations que celles dont il doit scrupuleusement s'acquitter pour vous bien servir.

Il est important, d'un autre côté, qu'il ne soit pas
étranger aux affaires concernant la culture, car
c'est lui qui discutera, pour son maître, avec les ri-
verains, le chiffre des indemnités à payer en cas de
dégâts causés aux récoltes par le gibier. Dans une
expertise amiable, le fermier réclamant et votre
garde apprécieront ensemble l'importance et dé-
termineront la valeur de ces dégâts, et s'il est compétent, votre délégué pourra vous éviter le désagrément d'engager et quelquefois de perdre un procès.

Un exemple de l'utilité de cette compétence.

Le garde d'un homme fort aimable, excellent chasseur, et locataire, il y a quelques années, d'une chasse princière voisine de la forêt de Sénart, avait été chargé par son maître de régler le chiffre des indemnités à payer pour les méfaits commis par le gibier qui foisonnait dans ses bois. Ce garde avait jugé que la somme de 1,200 francs représentait une indemnité parfaitement suffisante ; les fermiers demandaient 5,000 francs. L'affaire se passait au mois de mars, si j'ai bonne mémoire. Je voyais fréquemment à cette époque M. de V..., plusieurs fois déjà j'avais chassé chez lui ; je me souviens qu'il me parla de cette affaire, et que je fus d'avis qu'il ne devait pas courir les chances d'un procès. Confiant dans les lumières de son garde, il ne voulut pas accepter une transaction qui lui fut proposée quelque temps après. On plaida. Mais il paraît que cette fois les fermiers avaient raison, car tous les éléments d'appréciation fournis au tribunal par les experts, arbitres, etc., eurent pour effet de faire condamner M. de V... en 4,500 francs d'indemnité, sans compter toutes sortes de frais qui, ajoutés au *principal*, élevèrent à un chiffre formidable le montant des dépenses occasionnées par l'incompétence du garde.

Il est vrai que si l'avoué de M. de V... ne put par

venir à éclairer cette obscurité profonde et merveilleuse que pouvait seul pénétrer l'œil habile d'un
homme de loi, cette obscurité féconde à l'ombre
de laquelle une modeste somme de 4,500 francs
avait atteint un chiffre effrayant, ledit avoué expliqua fort clairement à mon ami qu'en matière de
procès perdu, s'il est complétement inutile de
comprendre, il est tout à fait nécessaire de payer.

De tout ce qui précède, nous conclurons ensemble que le métier de garde demande des
connaissances multiples et des qualités plus sérieuses, peut-être, qu'il n'est utile d'en posséder
pour remplir une position beaucoup plus relevée ;
et quand je songe aux dangers vraiment redoutables dont l'infâme braconnier menace incessamment ces modestes serviteurs qui consument leur
vie entière à préparer nos plaisirs, j'avoue que je
me sens pris pour un garde honnête et dévoué
d'une véritable sympathie mêlée d'admiration.

Il est vrai qu'en revanche je n'aime guère les
coquins, qui abusent de notre confiance ou de
notre faiblesse pour voler avec impudence notre
gibier et leurs appointements, et chaque fois
qu'il m'est arrivé de rencontrer un garde abu-
sant de la bonté naturelle ou du défaut de connaissances de celui qui lui fait gagner son pain, je
n'ai jamais hésité à démasquer le gredin.

Que de gens, à Paris, absorbés par leurs affaires, s'en reposent sur leur garde, non-seulement du soin de surveiller la chasse, mais encore de prendre toutes les mesures qui intéressent au plus haut degré son avenir! La plupart des chasseurs sont de simples *amateurs* (et j'emploie le mot dans son acception la plus large). Si la chasse est belle, ils en seront ravis; mais le temps, ou plutôt la passion, leur manque généralement, et si la chasse est médiocre ou mauvaise, ils ne se diront pas qu'elle devrait être belle, qu'avec un bon garde elle le serait certainement; ils en feront leur deuil très-philosophiquement et rentreront, le carnier vide, ne rapportant chez eux que le souvenir de cet agréable déjeuner qu'aurait pu suivre une partie de chasse. N'est-ce pas absolument la même chose que d'aller entendre un concert... d'où la musique serait absente?

Les anciens militaires sont généralement recherchés comme gardes. Ils ont du bon. La discipline sévère à laquelle ils ont été longtemps soumis leur a appris l'obéissance, sinon le dévouement; il est certain qu'ils possèdent plus que le paysan le sentiment du devoir, et que pour eux, généralement, un ordre est une chose respectable. Mais ils ne possèdent pas toujours les mêmes connaissances pratiques, souvent même

les premières notions de la chasse leur font défaut. Or, quand un garde a besoin d'un apprentissage, c'est toujours le gibier qui paye et le braconnier qui empoche.

Un militaire élevé à la campagne aura conservé de ses premières années des souvenirs qui
ne s'effacent point : celui-là sera dans des conditions plus favorables.

L'habitant de la campagne, quand il aime la
chasse, est, lui aussi, lui surtout, en état de faire
un bon garde, s'il est honnête ; il a vécu au milieu du gibier et presque de la même vie. Mais
pour quelques-uns il est à craindre que l'amour du
lapin ne soit pas toujours suffisamment platonique.

A ce point de vue encore, le choix d'un garde
mérite donc un examen scrupuleux, et c'est
l'homme plutôt que son état civil qui vous dic-
tera la décision à prendre.

Ce n'est pas pour son propre compte que le
garde doit être chasseur, mais pour celui de son
maître ; par devoir il est conservateur et il doit
l'être aussi par tempérament. Le gibier doit avoir
en lui un protecteur, un ami.

La joie d'un vrai garde, c'est de créer, de *faire*
une belle chasse et de l'entretenir.

J'ai connu un vieux fanatique dont tous les
instants étaient donnés à soigner et à multiplier

le gibier de son maître. Ce brave homme, chaque jour de chasse, employait tout son savoir à conduire ce gibier sous le fusil des tireurs, et chaque coup qui faisait une victime lui arrachant des soupirs à fendre l'âme. Comme garde, il était fier du succès qu'il avait préparé à l'aide de soins longs et pénibles; mais il avait un cœur de père pour *ses* chevreuils, *ses* faisans, *ses* lièvres, *ses* lapins et *ses* perdreaux. Le meurtre des premiers faisandeaux d'élève, au mois de novembre, lui « donnait un coup au cœur », et chaque fois qu'on blessait une chèvre, tout en l'achevant au couteau, son gros œil s'injectait et se gonflait subitement comme pour retenir une larme; puis, l'opération faite, il tournait le dos en grommelant. S'il eût été le maître, en un tel moment, il aurait indubitablement centuplé l'amende. Le meurtre d'une poule faisane lui semblait un acte monstrueux

Mais quelle joie quand, par grand hasard, on venait à tuer une fausse bête échappée à ses piéges, toujours tendus sauf les jours de chasse, et à son vieux « Charlemagne ! » C'est ainsi qu'il nommait son fusil, nous n'avons jamais su pourquoi.

Son plus grand bonheur consistait à *faire voir son gibier.* C'était là son triomphe.

Quand on venait avant l'ouverture visiter la pro-

priété, prendre des nouvelles, il fallait voir sa
bonne figure s'épanouir, ses yeux s'animer, et le
large sourire de sa large bouche. Mais tout devait se faire avec ordre : on visitait les chiens
d'abord, puis les parquets, et si l'on se fût laissé
faire, il eût fallu, je crois, entendre l'histoire
de chaque faisandeau. Puis, au bois, il vous con-
duisait, quels que fussent l'heure et le temps, à
la place que chaque compagnie occupait et,
comme de juste, vous disait le nombre des individus composant la famille, et s'il en était disparu quelqu'un et de quelle façon, et s'il s'était
trouvé un œuf « clair ». Et ses lièvres ! Et ses lapins ! Et ses chevreuils et leurs faons ! Un de ces
derniers, un beau jour, en bondissant d'effroi
sous ses pieds, s'était malheureusement frappé
contre le tronc d'un arbre ; le lendemain, en faisant sa tournée, mon homme trouva morte la
pauvre bête ! Il faillit en faire une maladie. Le fait
est qu'il rentra chez lui avec une grosse fièvre
et qu'il resta deux jours au lit.

Au bout de dix ans il en parlait encore, s'in-
dignant contre sa balourdise et s'apostrophant
des épithètes les plus cruelles : « Lui qui voyait
un lapin au gîte à quinze pas, n'avoir pas aperçu
un faon à deux mètres ! Ah ! misérable ! malheureux ! propre à rien ! »

Mais le meilleur type de garde que j'aie connu, comme aussi le plus habile chasseur, est un ancien garde de la forêt de Rambouillet, sous Charles X. Il a aujourd'hui soixante-neuf ans : petit, sec comme un échalas, un grand nez, de petits yeux au regard pointu comme un stylet toscan, infatigable encore et toujours bon tireur.

Ah! mon vieux père Bonin! comme il est déjà loin, ce bon temps des premiers coups de fusil que nous avons tirés ensemble! Quels beaux perdreaux, et si nombreux! Et quels bons chiens! Il vous souvient de mon vieux *Mac*, n'est-ce pas? Et votre Sancho et son frère Pança? Voilà un nom qui a dû trouver bien singulière l'idée qui vous est venue de le couper en deux; aussi, renchérissant sur cette fantaisie, et sans plus de respect que vous pour la mémoire du grand Cervantès, vous avais-je conseillé d'appeler « Don » votre premier élève et le second «Quichotte». Malgré notre irrévérence, quelles bonnes et excellentes bêtes! Vous n'avez pas oublié ce renard pincé au piége à l'angle du mur de votre grange, et cette grande buse « à queue fourchée », comme vous dites, également prise au piége après avoir été amenée par un habile stratagème jusqu'au milieu de votre jardinet?

Nous causerons bientôt de tout cela.

Je sens fort bien, à mesure que j'écris, que certains détails, auxquels cependant je suis obligé de m'arrêter, peuvent sembler sans grande importance aux véritables chasseurs, dont l'expérience n'a pas besoin de conseils. Aussi est-ce à d'autres, moins habiles, que je m'adresse.

Quel est d'ailleurs le vieux praticien qui, remontant dans ses souvenirs, ne se rappelle les hésitations, les incertitudes, et souvent les sottises occasionnées dans maintes circonstances par le défaut de renseignements précis? Que d'amateurs, en effet, animés d'excellentes intentions, mais imbus de ces préjugés, si répandus parmi les chasseurs dépourvus de connaissances pratiques! Que de chances dans une société bien dirigée! Que de causes d'ennuis, que de déceptions dans celles qui sont mal conduites!

Souvent l'indication d'une règle élémentaire eût suffi pour changer en véritables succès les plus pitoyables déconvenues.

Quant à ceux que leur situation particulière ou leur fortune mettent au-dessus des considérations d'ordre matériel qu'il me faut souvent développer pour de moins heureux, je ne crois pas me tromper en pensant que l'indulgence leur sera facile : si chacun pouvait se payer le luxe d'une chasse n'appartenant qu'à lui, il est clair qu'il ne rechercherait pas le concours de ses amis.

Je m'efforce, pour tout dire d'un coup, de réuni
sous la forme la plus simple et la plus brève, no
pas les éléments d'un traité de chasse, mais c
qui concerne *la chasse exploitée en société.*

Le développement du goût de la chasse (un pe
aidé, j'en conviens, par les progrès du braconnage
a eu pour conséquence le dépeuplement des terre
libres : *de là, les chasses gardées,* et par suite l'é
lévation des prix de location. Or, ce que la bours
d'un seul ne suffisait pas à payer, les ressource
de plusieurs y pouvaient prétendre : *de là, les so
ciétés de chasse.*

Mais, dans ces sociétés, les conditions pratique
de la chasse se sont trouvées forcément atteinte
de profondes modifications; et voilà pourquo
j'écris; je m'attache à ne pas sortir de ce cadre
mais je demande la permission d'en remplir ave
soin toutes les parties.

Ceci dit une fois pour toutes, je continue.

Beaucoup de sociétés, aux environs de Paris, ne
veulent point que leur garde soit armé d'un fusil,
mais bien d'un simple bâton.

Ces sociétés-là ont tort.

Les partisans du bâton prétendent que le fusil
est, pour le garde, une tentation permanente, et
comme une autre édition du supplice de Tantale.
Est-il un garde qui puisse toujours retenir un

coup de fusil, quand le gibier lui part sous les pieds tout le long du jour ?

Cette objection n'est pas sérieuse.

Soyez convaincus, au contraire, que vos lapins, vos faisans et vos lièvres ont bien plus à craindre le collet que le fusil. N'est-il pas évident que si le garde veut s'approprier le gibier de son maître, il emploiera le moyen le moins bruyant ? Or un coup de fusil a le double défaut de s'entendre de loin, et de ne pas toujours atteindre le but, tandis que le collet opère sûrement et en silence.

Une autre considération, qui elle aussi a bien sa valeur, vient encore à l'appui de mon opinion : un garde armé pourra tirer au passage les oiseaux de proie, les pies, les geais. Si, dans un taillis, il lui déboule un renard, ce n'est pas avec un bâton qu'il pourra profiter de cette bonne occasion d'occire un de vos plus dangereux ennemis. Dans mainte circonstance, le coup de feu du garde vous rendra service.

Je parlais tout à l'heure des pies ; il arrive que ces vilaines bêtes placent leur nid à des endroits où il n'est pas possible d'aller l'enlever ; une charge de plomb n° 4 vous débarrassera de la mère et de sa dangereuse progéniture. Il en sera souvent de même pour les buses, émouchets et autres oiseaux de rapine.

La question de savoir si le garde doit être armé présente d'ailleurs un côté plus sérieux.

Il n'y a pas loin, vous le savez, du braconnier à l'assassin. Pourrez-vous exiger de votre garde, s'il n'a pas de fusil, qu'il fasse pendant la nuit les tournées indispensables? Exposerez-vous votre serviteur sans défense aux coups de ces bandits?

Les plus dangereux effets du braconnage sont ceux qui se produisent par les froides nuits d'hiver, à la pâle lumière de la lune, quand les arbres dénudés allongent dans le ciel leurs grands bras noirs; c'est le bon moment pour découvrir le faisan branché. Bon nombre de ces nuits, votre garde passera à son poste; il peut être menacé de véritables dangers : il doit donc être en état de se défendre.

Au point de vue de votre intérêt, comme au point de vue de l'humanité, vous ne devez donc pas le priver de son arme. Je suis même convaincu qu'en lui imposant cette inutile humiliation, vous obtiendrez l'effet contraire à celui que vous attendez, et que cette mesure de suspicion le poussera à commettre des méfaits que votre confiance aurait sans doute évités.

Il faut encourager le garde à la destruction des bêtes de proie de toute espèce, en lui donnant une prime par chaque animal dont il vous aura débarrassé ; c'est là un point essentiel.

Je suis même d'avis (et je vais, un peu plus loin, développer cette opinion) qu'il convient, afin de stimuler son zèle, *d'augmenter les primes* de destruction, d'en donner quelques autres pour l'élevage des faisans et des perdreaux, de même que pour les procès-verbaux déclarés, surtout en cas de braconnage de nuit. Il va sans dire que *le chiffre des appointements doit être fixé en conséquence.*

Il est assez difficile d'indiquer un tarif applicable partout.

J'ai vu payer au garde 35 *francs par cent* pour la destruction de toutes bêtes de proie, y compris le putois et le geai ; ailleurs le prix de 25 centimes par tête était considéré comme suffisant : ce n'est donc que 25 francs au lieu de 35 ; mais ce dernier tarif me semble trop peu élevé.

Je ne crois pas que le geai (pour lequel je n'ai d'ailleurs aucune tendresse) doive être classé à côté de la pie au nombre des oiseaux véritablement nuisibles au gibier, et je préfère de beaucoup le meurtre d'une seule pie à celui d'une douzaine de geais. C'est assez dire que je n'entends pas payer le même prix pour leur destruction.

Je crois qu'il est plus sage d'ajouter à la liste des bêtes de rapine le corbeau et surtout le chat.

Vous avez bien lu; j'ai dit : *le chat*, le chat domestique, qu'il faut mettre avec le renard et le braconnier au nombre de nos plus dangereux ennemis, et dont la mort vaut, et au delà, la rémunération que vous accordez pour l'émouchet ou le faucon hobereau, la fouine ou le putois.

Le corbeau cause un véritable dommage aux nids de perdrix, pendant la saison de la ponte. J'ai vu nombre de fois un de ces « mangeurs de charogne » emportant au bout du bec... un œuf de perdrix; et notez que, le plus souvent, quand il a trouvé un nid, il ne s'en tient pas à une seule visite, et qu'il y revient; mais cette habitude vous fournira justement l'occasion de le détruire ou de le piéger.

Quant au chat, chacun connaît ses mérites de braconnier : donnez donc une prime pour sa destruction, mais n'en dites rien aux fermiers de votre voisinage.

Le prix de 35 *francs par cent*, que j'indiquais plus haut, est considéré quelquefois comme trop peu élevé.

Voici encore un autre tarif, dont les prix peuvent donner lieu à discussion, mais qui me paraît conçu dans un meilleur esprit, attendu qu'au lieu d'établir une *moyenne*, qui peut donner lieu à des inconvénients, il détermine la prime accordée pour chaque animal, selon le degré qu'il occupe dans l'échelle des bêtes malfaisantes.

J'ai vu donner 1 franc 25 centimes pour un renard ; 50 centimes pour les belettes, fouines, putois, etc.; 25 centimes par bec d'oiseau de rapine.

Mais ce tarif, entre autres reproches qu'on peut lui adresser, me semble méconnaître entièrement le mérite du renard. La destruction de ce braconnier émérite ne vaut-elle pas plus d'un franc 25 centimes? Comparativement le prix de 50 centimes semble un peu élevé pour la fouine et pour le putois. Ces animaux, en effet, n'étant pas sédentaires dans les bois, y causent naturellement moins de ravages. La buse et la pie, qui sont toujours sur la brèche, font au moins autant de mal que ces deux petits carnassiers; la belette, elle aussi, est également dangereuse.

Voici un autre tarif, sur lequel j'ai certains droits de paternité, et que je soumets sans trop de scrupules à l'appréciation réfléchie de mes lecteurs. Du reste j'ai déjà eu le plaisir de le voir adopter, et je suis tout prêt à discuter, en détail, chacune des primes qui y sont inscrites, pourvu qu'on me permette la comparaison avec celle des autres tarifs dont j'ai fait mention.

Cinq francs par renard (ce n'est pas trop cher,

au prix où est le... lapin, — et puis la peau du bri
gand vous reste); 2 francs par renardeau ;

50 *centimes* pour les *chats, martres, belettes, bu
ses* et *pies;*

50 *centimes* également pour les *fouines* et *putois*

20 *centimes* pour les *corbeaux*, ainsi que pou
les *émouchets, tiercelets, faucons-hobereaux*, pou
tout ce qu'on désigne, en un mot, sous le nom d
petits oiseaux de proie;

10 *centimes* pour les *geais.*

Il va sans dire que, dans ce tarif, il est sous-en
tendu que la poudre et le plomb sont fournis a
garde par son maître. Ce serait faire un pauvr
calcul que de placer le garde dans cette situatio
d'hésiter à tirer une bête nuisible, ce qui arriverai
infailliblement s'il devait, pour l'envoyer à trépas
dépenser 20 centimes et n'en toucher que 15.

Je n'ai point compris dans la nomenclature de
bêtes pour la destruction desquelles il est accord
une prime au garde, le *loup* ni le *blaireau.*

Nous parlerons cependant avec quelques détail
de ces deux animaux. Mais je puis dire, dès à pré
sent, qu'il me semble exagéré de payer pour l
meurtre d'un blaireau la même rémunération qu
pour celui d'un renard. J'ai pourtant vu paye
pour un blaireau comme pour un renard ; mais
quand nous nous serons un peu occupés de c

pachyderme, nous verrons qu'il ne cause pas, à beaucoup près, autant de mal au gibier.

Le point où je voulais en venir, le point capital de la question, m'obligeait à entrer dans tous les détails qui précèdent; car je suis loin d'approuver la façon dont on agit ordinairement en ce qui concerne la rétribution du garde.

Il ne suffit pas de dire à un homme plus ou moins habile, plus ou moins honnête : « Voici la propriété confiée à votre surveillance; vos devoirs, les voici. — Vos appointements seront de 1,200 francs. »

Cela peut être fort bien, si le garde est honnête et habile; mais, s'il est ignorant, paresseux et malhonnête, il ne *gagnera* pas son salaire; or je veux qu'il le gagne. Je veux payer de véritables services et non pas des services présumés.

Il est certain qu'il y a pour le chasseur, propriétaire ou locataire d'une chasse, toutes sortes d'avantages à entrer dans l'ordre d'idées que j'indique. Le *salaire fixe moins élevé ; des primes plus fortes et plus nombreuses;* voilà mon sentiment.

Avec ce système, c'est au garde à se faire un revenu suffisant, et, pour ce qui vous concerne, si vous suivez ce bon conseil, ce sont de véritables mérites, des résultats acquis que vous récompenserez, et non pas des services qui, trop souvent, ne sont pas suffisamment dévoués.

Je demande, en somme, que vous fassiez pour l'homme entre les mains duquel vous remettez l'avenir de votre chasse, ce que fait le négociant qui stimule le zèle de son employé, en lui donnant un intérêt sur « son chiffre d'affaires, » comme on dit en style commercial.

Je ne suis pas du tout commerçant, mais cette combinaison m'a toujours semblé fort habile. Qu'il en soit donc de même pour votre garde, et ce sera à lui, comme à cet employé, de grossir ses appointements en s'occupant de la mission qui lui est confiée.

Plus il sera actif, intelligent, plus il travaillera; plus son salaire augmentera. Sa femme elle-même viendra concourir aux bons effets de cette mesure, en l'aidant dans les soins à donner aux chiens et aux élèves de gibier. C'est elle qui s'occupera du chenil; c'est elle qui préparera la pâtée des faisandeaux, pour permettre à son mari d'aller à l'affût d'un milan, d'un blaireau ou d'un braconnier, attendu que, si vous faites ce que je demande, milan, blaireau et braconnier ne seront plus seulement des ennemis pour votre garde, mais aussi, et surtout, parce qu'ils représenteront pour lui et sa famille la source d'un bénéfice à réaliser.

Revenant donc aux appointements du garde, je dis qu'ils doivent se décomposer de la manière suivante :

1° Un salaire fixe payable mensuellement;

2° Primes pour destruction de bêtes puantes et oiseaux de rapine;

3° Primes pour élevage de gibier (faisans et perdrix, croisés-garennes);

4° Gratifications pour procès-verbaux.

— Qu'on ne dise pas maintenant qu'avec des primes élevées pour la destruction des renards on pousserait le garde à encourir le reproche quelquefois adressé aux lieutenants de louveterie, qui ont été accusés de favoriser la multiplication des loups.

La destruction des bêtes nuisibles n'est qu'un *moyen*, c'est le résultat qu'il faut voir, c'est-à-dire l'abondance du gibier; c'est cela qu'il faut juger.

Le garde doit envoyer à son maître, ou au titulaire de la chasse, la peau de chacun des animaux qu'il prend.

Les oiseaux nuisibles se comptent par « becs ». Si vous réglez vos petits comptes tous les mois (et c'est à tous égards ce qu'il y a de mieux), ne prenez pas cette expression au pied de la lettre;

traduisez largement, et faites vous présenter les *têtes* : vous serez assuré du moins de ne pas payer le massacre d'une pie antédiluvienne.

Je disais tout à l'heure qu'il était bon de récompenser par une gratification les soins donnés aux élèves de faisans et de perdrix ; c'est encore votre intérêt qui vous conseille d'adopter cette mesure. Les œufs vous ont coûté une certaine somme, comme les poules couveuses, leur nourriture et l'entretien de votre petite basse-cour. Ces dépenses ne doivent pas être perdues pour vous ; en intéressant le garde à la réussite de vos couvées, elles auront d'autant plus de chances d'être menées à bien.

Nous examinerons plus tard l'allocation qu'il convient de donner au garde pour cet objet, de manière à ne pas élever outre mesure le prix des faisandeaux.

Ce sont là des « affaires d'argent » peut-être fastidieuses, quoique fort importantes, et ce n'est ni par goût ni par plaisir que je m'en occupe.

Mais j'entends donner, dans cette étude, des renseignements précis et aussi complets que possible sur les questions qui intéressent les chasseurs faisant partie de sociétés de chasse, ou désireux d'en former, et il n'est aucun détail indifférent en pareille matière.

Donc, je continue, n'est-ce pas? Nous en viendrons bientôt à des sujets moins arides et plus
agréables.

J'ai dit que j'approuvais que le garde reçût une
gratification chaque fois qu'il constate un délit de
chasse et qu'il dresse un procès-verbal. En lui
donnant cette gratification, vous l'encouragerez
à mettre plus de soins à la surveillance dont il est
chargé ; seulement, ayez deux tarifs, selon que le
procès-verbal aura été dressé pendant la nuit ou
pendant le jour, selon qu'il frappera un braconnier dangereux ou un chasseur égaré.

Montrez-vous généreux pour la constatation d'un
délit commis la nuit par des *fileteurs ;* la prise d'un
délinquant muni d'un permis de chasse est bien
loin de mériter la même récompense.

Quand vous aurez en outre calculé le bénéfice
probable résultant de la pension des chiens, et le
montant des pourboires d'invités ; quand vous aurez évalué approximativement ce qu'il gagne sur
vos repas, chaque jour de chasse, vous arrêterez
vous-même le chiffre du salaire fixe qu'il convient
de lui allouer.

En ce qui concerne la pension des chiens, je
pense que c'est un tort d'accorder au garde un
chiffre trop élevé pour leur nourriture. Craignez
d'ouvrir la porte à des abus sans fin, en vous mon-

trant trop facile. Si la chose n'était pas fasti-
dieuse, je vous prouverais, avec des chiffres, que
pour la nourriture d'un chien mangeant du « pain
de ménage, » le prix de 12 francs par mois est
suffisant aux environs de Paris; s'il s'agit de chiens
courants et de pain de cretons (que je conseille
de ne jamais donner seul), le même prix est plus
que rémunérateur.

Toutefois, si je trouve qu'il est mauvais d'habi-
tuer un garde à faire trop bon marché de notre
bourse, le bien-être de nos chers compagnons de
chasse est une chose à laquelle j'attache trop de
prix pour que je dispute beaucoup sur le chiffre
de leur pension.

Mais, quel que soit celui que vous accordiez,
montrez-vous très-sévère pour l'homme qui ne
donnera pas à votre bon serviteur tous les soins
qu'il mérite et que vous entendez qu'il reçoive.

Le garde d'une fort jolie chasse, appartenant à
mon plus ancien ami, avait abandonné les pauvres
bêtes de son chenil dans un tel état que tous les
chiens étaient couverts de « rouvieux, » mais non
pas de ce rouvieux qui se manifeste par des rougeurs sous-cutanées : ces rougeurs existaient, bien
entendu, mais embellies de pustules, de bou-
tons galeux et de larges plaques sanguinolentes.
Soyez impitoyable pour de semblables fautes :

l'homme qui les commet manque de cœur et ne remplira jamais aucun de ses devoirs.

Quant à moi, je ne confie mon chien qu'à moi-même... et encore ai-je la sottise de me le faire voler !

Votre garde choisi, il s'agit de le faire revêtir du caractère légal qui en fait un homme à part, un homme que la justice croira sur parole, et dont le simple témoignage suffira pour entraîner la condamnation d'un autre homme.

La marche à suivre pour faire assermenter un garde est fort simple. Il faut d'abord soumettre sa nomination au préfet ou au sous-préfet. A cette communication, il est bon de joindre les pièces constatant l'identité du garde, l'extrait de son casier judiciaire, et le certificat de bonnes vie et mœurs que lui aura délivré le maire de la commune.

La nomination doit être, ensuite, envoyée au parquet du tribunal de première instance devant lequel le garde prêtera serment. Acte de ce serment lui sera donné, et il aura dès lors le droit de verbaliser dans toutes les règles.

Pour avoir son effet, tout procès-verbal doit être *affirmé* par le garde, *dans les vingt-quatre heures,* devant le juge de paix du canton ou le maire de la commune.

C'est donc là pour le garde, vis-à-vis de la loi comme vis-à-vis de son maître, une obligation étroite, avec laquelle il n'a jamais à transiger. Dès qu'un procès-verbal est déclaré, le garde doit l'affirmer immédiatement, et prévenir son maître, lequel décidera s'il veut suivre ou abandonner la poursuite.

Un des devoirs dont l'exécution réclame aussi de sérieuses qualités d'observation, c'est l'enlèvement des collets.

De tous les modes de destruction, le collet est le plus à redouter, au bois comme à la plaine, pour le gibier de poil.

Toute espèce de gibier de poil se prend au collet. Depuis le chevreuil jusqu'au modeste lapin, tous les « hôtes innocents de nos bois » peuvent y laisser leur peau.

Le lapin (un finaud, je le répète) se DÉFAIT quelquefois, parce que, sauf le cas où il a donné dans le collet avec trop d'élan, dès qu'il se sent arrêté et serré, il se rejette en arrière, tout en se débattant ; le lièvre, au contraire, tire toujours et s'étrangle.

En plaine, les braconniers ne fixent jamais le collet au sol, mais le maintiennent à la hauteur voulue, à l'aide d'un petit piquet ; au bout libre du *fil de laiton* meurtrier, ils attachent

Le Collet à chevreuil.

une grosse pierre, que le lièvre entraine quelques pas, et qui fait sûrement son office de strangulation.

Il y a quelques années, un peu avant la fermeture, quelques-uns de mes amis faisaient un rabat de plaine, pour se distraire des battues au bois. Au milieu d'une enceinte un beau bouquin se lève, enfile une raie, arrive à portée des tireurs, puis culbute tout à coup, avant qu'aucun d'eux ait « fait parler la poudre ». Le malheureux venait de donner dans un collet; et sans doute la pierre à laquelle il se trouvait attelé n'était pas d'un poids suffisant, car elle ne put entièrement l'arrêter.

Je n'en dirais pas davantage, si le reste de l'aventure ne méritait de passer à la postérité. Ce lièvre dont, comme vous l'imaginez, la course se trouvait singulièrement ralentie, fut salué au passage par quelques coups de fusil, mais sans succès. Ce fut alors une débandade ; chiens et tireurs se mirent à la poursuite de la pauvre bête qui fut bientôt portée bas... par le chien d'un de ces messieurs.

Je n'étais point de la partie, et je tiens ce récit de la bouche des coupables. Allez donc parler, après cela, de la vanité des chasseurs parisiens !

Il faut donc que le garde porte le plus grand soin à la visite des passées de lièvre, qui suivent les raies séparant chacune des pièces de terre. Mais cela n'est pas toujours aisé. A une certaine époque, mettons, si vous voulez, après la récolte, ces passées ne sont pas très-apparentes si la terre est sèche, et il faut un œil fort expérimenté pour les distinguer dans un chaume, par exemple.

En pareil cas, que le garde ne manque jamais, pour fixer ses doutes, de se baisser jusqu'au niveau de la terre, et cette même passée qu'il ne voyait pas nettement quand il était debout, se dessinera d'une façon précise ; il la verra s'éloigner dans la direction d'une raie, où sera le collet, s'il a été tendu.

Pour ce qui concerne le bois, les collets généralement se posent *en batterie,* c'est-à-dire tout le long de la lisière dans chaque coulée, et le plus souvent *en bordure.* C'est donc là que doit se porter la plus active surveillance.

Quant à ce qu'on nomme *un crible,* c'est presque toujours le résultat d'une vengeance stupide et odieuse d'un braconnier condamné.

Aucun bois, si giboyeux qu'il soit, ne peut résister à ce mode de destruction.

On nomme « un crible » un ou deux milliers de collets posés de tous côtés à travers bois.

Bien entendu, il est impossible au bandit qui a fait l'opération de relever ses collets et de profiter de son crime; mais, tôt ou tard, les lièvres et les lapins, qui parcourent le bois en tous sens, finissent par rencontrer sur leur chemin l'une ou l'autre de ces infâmes *cravates*, et les pauvres bêtes pourrissent sur place.

Ce joli procédé est habituellement pratiqué entre la fermeture et l'ouverture, de manière que les destructions ne puissent profiter à personne, et qu'il soit impossible de tirer aucun parti de cette hécatombe de gibier.

J'ai vu des chasses superbes ainsi dévastées *complétement*.

Est-il possible que les auteurs de tels actes de vandalisme ne soient condamnés qu'à quelques mois de prison?

Les brigades de gendarmerie prêtent souvent leur concours au garde pour la surveillance de la chasse, surtout quand il s'agit de faire des tournées de nuit. De là l'habitude, fort répandue et très-justifiée, qu'ont prise nombre de propriétaires et de sociétés de chasse de donner annuellement une allocation aux gendarmes.

Ces propriétaires et ces sociétés ne se doutent pas, le plus souvent, que leur générosité expose à des peines graves les brigades de gendarmerie auxquelles sont offertes ces allocations. Les règlements militaires interdisent de la façon la plus sévère aux gendarmes de recevoir aucun salaire en dehors de celui qui leur est alloué par l'État.

Ma foi ! je confesse (tout bas) que je suis tout à fait disposé à ne tenir aucun compte de cette interdiction.

Comment ! voilà de braves gens qui viendront souvent passer de longues nuits sur votre propriété, en compagnie de votre garde, qui le soutiendront dans cette rude tâche qui consiste à repousser les braconniers, et vous ne leur donneriez pas un petit témoignage de reconnaissance !

Je sais bien que l'obligation de combattre les malfaiteurs de toutes espèces est un des devoirs que leur impose leur pénible et noble métier ; mais si, dans cette œuvre pénible de répression, ils rendent service à l'ordre public, ils vous rendent service tout particulièrement à vous, dans les circonstances dont nous parlons. Si votre propriété est giboyeuse, c'est là plutôt qu'ailleurs que les voleurs de gibier viendront exercer leurs déprédations ; c'est chez vous qu'ils pourront être pincés, plutôt que dans des bois communaux dépeuplés : c'est donc chez vous que doit être exercée la surveillance la plus active, et c'est vous, avant tous, qui en profiterez.

Allons ! allons ! Que les règlements militaires nous le pardonnent, mais continuons, en secret s'il le faut, ces petites libéralités qui sont accueillies comme un véritable bienfait par ces braves militaires et par leurs familles. Ils ont droit à la bienveillance de tous les chasseurs honnêtes. Leur vie se passe à protéger la société contre les malfaiteurs de toutes les espèces : ne les oublions point chaque fois qu'à tous ces mérites ils joignent celui de nous être particulièrement utiles.

N'oublions pas non plus le garde champêtre, ce modeste et pauvre fonctionnaire (! ! !) public. Lui aussi a un dur métier, et est digne de notre sympathie.

D'ailleurs, pour le cas où sa situation intéressante ne suffirait pas à lui attirer votre bienveillance, il faut reconnaître qu'il possède d'autres mérites qui touchent de près à vos propres intérêts de chasseur. Il passe sa vie au milieu des champs ; il connaît le gibier et ses habitudes journalières ; il pourra, à l'occasion, vous rendre un bon service. Et puis sa présence, à lui aussi, éloigne les maraudeurs. Laissez-le donc parcourir librement votre propriété et peut-être donnera-t-il à votre garde plus d'un bon avis, plus d'un renseignement utile.

C'est dans les chasses de plaine, surtout, qu'i
est utile d'avoir un ami dans la personne du gard(
champêtre. Ses indications vous vaudront souven
une pièce de gibier, que vous eussiez inutilemen
cherchée ; il connaît autant que personne les bon:
endroits, et si vous êtes son ami, il vous les indi-
quera. N'oubliez pas non plus que, s'il vous rencontre en train de battre une pièce de luzerne,
de colza, voire de betteraves, c'est uniquemen
à son indulgence que vous devrez d'échapper a(
procès-verbal qu'il est de son devoir de vou:
dresser ; car vous n'ignorez pas que la loi, — *dur(*
lex ! — vous défend de chasser sur les terres qu
ne sont pas dépouillées de leurs récoltes.

Si le garde champêtre la voulait strictemen
faire respecter, cette loi draconienne, je ne sai:
pas de chasse de plaine dont il ne lui soit aisé d(
devenir le véritable tyran, et, si la guerre s'allu-
mait, soyez convaincus qu'il vous faudrait e(
venir à composition. N'est-il pas préférable d(
prévenir par une légère allocation des ennui:
possibles et même probables ? C'est à la fois agi(
dans votre intérêt bien entendu de chasseur, e(
faire une bonne action, car le brave homme n'es(
jamais au-dessus de la petite somme que vous lu(
accorderez.

Ce n'est pas une grosse affaire pour une société

que de donner, le jour de l'ouverture, et au nom
de tous les locataires, au garde champêtre, une
cinquantaine de francs, et le double à la brigade
de gendarmerie.

Sans doute il est des chasses dans lesquelles le
garde champêtre n'aura pas l'occasion de rendre
de grands services; cependant, si, comme les
gendarmes, il est quelquefois rencontré sur votre
propriété, bien qu'il n'ait pas le droit de verbaliser
en votre nom, comme un garde particulier, la
crainte de sa présence ne laissera pas que d'éloigner ceux des chasseurs du pays qui peuvent être
coutumiers du fait de pousser une pointe sur
les terres gardées. Chacun d'eux est connu du
garde champêtre, et vous n'êtes pas sans avoir
remarqué combien les gens vivant à la campagne
se reconnaissent les uns les autres à grande distance. Vous devinez aisément la conséquence :
votre garde prévenu, vous aussi. Le reste vous
regarde.

La question du logement du garde a aussi son
intérêt. Ce logement doit, tout naturellement, être
situé le plus près possible de la propriété ; mais,
la plupart du temps, il n'y a pas à choisir, et il
faut prendre ce qui existe, là où on le trouve.

D'ailleurs, dans le plus grand nombre des chasses d'un certain ordre, aux environs de Paris, la

maisonnette du garde appartient au propriétair
et le prix de la location de ce logement est in
plicitement compris dans celui de la chasse.

Dans les chasses où cette condition n'existe pa
il est naturel que le locataire intervienne ; ma
la question de savoir s'il doit payer lui-même
logement est assez difficile à décider, et je n'e
sayerai pas de le faire.

Le seul point qui intéresse directement l
locataires, c'est qu'il existe autour de cette maiso
nette un terrain suffisamment étendu pour y in
taller un poulailler, quelques parquets d'élèves
un chenil.

Qu'il y ait aussi une pièce qui puisse vous serv
de salle à manger les jours de chasse : voilà to
ce qui vous regarde.

Il faut du reste examiner, avant de payer le log
ment du garde, à quel chiffre s'élèvent ses appoi
tements ; car il ne faut pas que la somme fixe q
lui est allouée se trouve réduite outre mesure
que son salaire mensuel ait trop maigre app
rence.

C'est là, d'ailleurs, une discussion sans gra
intérêt. Dans certaines sociétés, ce ne sera p
un bien grand sacrifice de loger le garde, po
lequel, en somme, l'essentiel est d'avoir des re
sources suffisantes ; de quelque façon qu'il

reçoive, la chose lui sera fort indifférente. Ce ne sont donc que des considérations particulières qui dicteront la décision à prendre.

J'ai dit les encouragements et les récompenses que doit recevoir un bon garde ; quant aux punitions à infliger au mauvais, je n'en connais qu'une : la révocation.

J'ai souvent entendu des chasseurs de fantaisie proposer d'infliger au garde des amendes, des retenues et autres agréments du même genre.

En vérité, je n'aurais rien dit de cette idée saugrenue si je ne l'avais tant de fois entendue préconiser. Le garde, je le dis de nouveau, s'il est seul à la surveiller, tient la chasse entre ses mains : vous ne pouvez que vous en remettre à son honnêteté du soin de respecter votre gibier. Si vous lui infligez une amende, selon son importance, il se remboursera le lendemain dans la personne d'un lapin ou d'un faisan.

La seule mesure à prendre contre un mauvais garde, c'est de le mettre dehors.

La meilleure marche à suivre, en cette grave occurrence, consiste à faire remettre à celui que vous chassez la lettre qui lui notifie votre décision, par le nouvel agent chargé de le remplacer. Mais toutes vos mesures doivent être prises à l'avance. Le nouveau venu, dans ce cas, doit avoir déjà son domicile arrêté, car il n'y a rien de pis que de loger un garde dans une auberge, même provisoirement, attendu que dès qu'il sera rentré pour manger ou pour prendre son repos, ce sera comme s'il disait à tous les braconniers du pays : — Allez chasser, vous le pouvez sans crainte.

Le nouveau garde devra prendre son service le jour même où il aura remis son congé au garde révoqué, et il ne perdra pas de vue, tant que celui-ci restera dans le pays, que de tous les ennemis qu'il lui faudra combattre, le plus dangereux sera précisément son prédécesseur.

Les amorces empoisonnées (*Renards*).

CHAPITRE III.

*De la destruction des bêtes nuisibles. — Le loup. —
Le renard. — Le blaireau. — La belette. — La
fouine et le putois. — Empoisonnements. — Sentiers d'assommoir. — Les chats. — Les oiseaux
de proie. — La buse. — Les faucons. — Les petits
oiseaux de proie. — La pie. — Le corbeau.*

Nous voici arrivés à l'un des sujets les plus
importants de cette étude ; à celui dont l'influence
sur la valeur même de la chasse est le plus direct ;
à celui qui présente, avec l'élevage du gibier, le
plus grave intérêt ; qui devrait tout d'abord éveiller
la sollicitude du chasseur réfléchi, mais qui, par
une inexplicable contradiction, est précisément
celui qu'on néglige le plus souvent et le plus vo-
ontiers.

Dans l'état de nature, les causes de production
et de destruction des êtres sont admirablement
équilibrées. Dans les pays *neufs*, les bêtes de
proie et les animaux inoffensifs prospèrent également, et se trouvent en grand nombre aux mêmes

6.

endroits. Mais dès que paraît l'homme, ce destructeur par excellence, cette merveilleuse harmonie est bientôt rompue, et malheureusement ce sont d'abord les espèces *utiles* qui ont à subir les pertes les plus sensibles.

Ce sont donc celles-là qui réclament notre protection la plus soutenue.

Dans les chasses libres, chacun ne pensant qu'à soi, nul ne prend souci de détruire les animaux nuisibles, et presque toujours la mort d'un renard ou d'une buse est le résultat d'un hasard.

Pourquoi, si fréquemment, en est-il de même dans les chasses réservées?

Il y a quelques années, j'avais eu l'honneur d'être convié à faire la fermeture dans une chasse dont le titulaire m'avait dit grand bien. La vérité m'oblige à reconnaître que le terrain était superbe, mais le gibier... un peu rare. .

Cependant, quelques années auparavant, les bois de Saint-B.... renfermaient bon nombre de faisans, beaucoup de lièvres et de trop nombreux lapins.

Ce jour-là, nous étions huit tireurs. Nous tuâmes (quand je dis « nous » je me vante) deux renards, un épervier et neuf lapins. Il restait en forêt quelques faisans qui furent tirés et bien manqués; un chevreuil aussi échappa à cette dernière épreuve.

Cependant, je le répète, cette chasse réunissait de rares conditions de fonds, d'étendue, d'aménagements spéciaux.

Pour ma part, dans toute la journée, j'entrevis, je crois, deux renards prédestinés à *faire graine* sans doute, car l'un et l'autre furent manqués par un jeune bachelier dont le fusil n'avait encore, j'en répondrais, fait de mal qu'à lui-même. Le malheureux avait l'infirmité de presser régulièrement les deux gachettes à la fois, au grand préjudice de son épaule et de sa joue droites.

Le soir, à la nuit tombante, quand fut venu le moment du retour, aucun de nous n'était bien gai : pour de longs mois tout était dit ! Et puis, à cette tristesse qui envahit tout véritable chasseur, alors que le dernier rayon du jour vient éteindre la dernière espérance de l'année, se joignait pour nous le souvenir cuisant de cette pauvre journée. Tout était bien fini et tristement fini... jusqu'à la saison nouvelle.

Je n'avais pas eu, pour ma part, le moindre prétexte à brûler une amorce, et je me souviens encore que, tout en m'exprimant gracieusement les regrets obligés en pareille circonstance, et en me prodiguant les excuses bien dues à un pauvre invité bredouille, l'aimable titulaire auquel j'étais redevable, en tous cas, du plus cordial accueil et du

mal qu'il s'était donné personnellement pour con-
jurer « ma déveine, » m'expliqua longuement les
mesures qu'il comptait prendre dans le but d'éviter, pour l'avenir, une aussi pénible déconvenue.
Il avait déjà demandé cent cinquante hases lapines ; il était assuré d'une vingtaine de lièvres; son
garde avait *repris* à peu près autant de poules faisanes, qu'il avait donné l'ordre de lâcher dès le
lendemain ; avec un nombre égal qu'il se propo-
sait d'acheter, il était assuré d'avoir, à l'ouverture
prochaine, comblé les vides causés par le fusil et
compensé largement les déprédations à porter au
compte des renards et autres bêtes de rapine.

Le fait est qu'il fit ce qu'il disait : tout ce gibier,
ou à peu près, fut lâché dans les magnifiques bois
de Saint-B...., et je suis obligé d'avouer que faisans, lapins et lièvres furent « mis au bois » dans
toutes les règles et au bon moment.

Mais M. B..... *n'avait oublié qu'un point, c'était
d'allumer sa lanterne,* c'est-à-dire de détruire les
renards qui pullulaient dans ses bois.

L'année suivante, au grand étonnement des locataires, la chasse était loin d'être aussi brillante
que l'avaient espéré ces aimables chasseurs. En
revanche, le nombre des renards, malgré quelques
prises, avait au moins doublé.

La société, désespérée, fut obligée d'appeler à

la rescousse, et à grands frais, une sorte de *tau-
pier-fouinier,* habile piégeur, qui dans l'espace
d'un seul mois (en novembre, si j'ai bonne mémoire), détruisit près d'une quinzaine de ces bêtes malfaisantes.

Le garde de M. B....., heureusement, était actif, intelligent, et prit goût au métier. Il avait su
tirer de ce fouinier quelques renseignements; il
les mit à profit, devina une partie du reste et put
mener à bonne fin l'œuvre de destruction.

Mais les dépenses faites à la fin de l'année précédente furent perdues pour la société que pré-
sidait M. B....., et cette bienheureuse saison, si
impatiemment attendue, cette abondante récolte
sur laquelle tous comptaient comme sur une chose
assurée, se réduisit à des résultats ridicules, en
comparaison du repeuplement opéré. Une fois encore, la montagne était accouchée d'une souris.

Avant de songer à engiboyer une chasse, il faut
donc s'efforcer de faire disparaître, ou du moins
de diminuer autant que possible les causes de
destruction du gibier, c'est-à-dire les animaux
nuisibles. Pourquoi faut-il qu'on ne puisse comprendre le braconnier au nombre de ces bêtes
malfaisantes? Non pas que je pousse la férocité
jusqu'à réclamer contre le misérable les mêmes
moyens d'action employés contre le loup ou le

renard; mais n'est-il pas permis d'exprimer le regret que la loi, souvent si dure pour les chasseurs honnêtes... (ou à peu près), ne mette pas à la disposition des propriétaires de chasses des moyens de répression plus énergiques et par conséquent plus efficaces?

Pour faire un traité complet sur la destruction des animaux nuisibles, il faudrait la matière de tout un gros volume, il faudrait surtout plus de savoir que je n'en possède.

Je n'emprunterai donc rien à aucun auteur, dans le but de compléter mon travail ; je dirai, là comme ailleurs, ce que j'ai vu faire, ou ce que j'ai fait moi-même.

Admettons, si vous le voulez bien, une chasse de bois, et prenons pour exemple celui de nos gibiers qui demande le plus de protection. Quel sort croyez-vous réservé aux faisans que vous lâcherez après la fermeture, si quelques couples de renards ont fait élection de domicile dans le voisinage?

Je sais bien que le lapin, quoique terriblement menacé par le brigand, a beaucoup moins à redouter de ses poursuites. Malgré son étourderie classique, n'allez pas prendre le lapin pour un imbécile! Quand vient pour les innocents le moment suprême, le malin se tire d'affaire en disparaissant

tout à coup sous un tas de pierres, ou de bois
déjà « débité, » si ce n'est dans cette habitation
souterraine que son instinct prévoyant lui a appris
à se creuser et dont son ennemi franchira rarement
le seuil ; car, Dieu merci! il n'arrive pas tous les
jours qu'un renard fouille les terriers d'une garenne.

Le faisan, tout au contraire, dans quelques conditions habiles et favorables qu'il soit mis au bois,
ne possède en tout temps d'autre moyen de salut
que le vol, d'autre abri que la branche d'un arbre; et s'il s'agit d'oiseaux élevés en faisanderie,
les dangers qui les menacent sont encore plus
redoutables; car, malgré l'instinct de conservation
que leur a donné la nature, ils ignorent à la fois
et les périls qui les attendent, et le terrain sur lequel ils sont destinés à vivre et à se défendre.

Et le lièvre? Le lièvre qu'il faut aussi songer à
protéger aujourd'hui; le lièvre dont le repeuplement est sujet à tant de vicissitudes, à tant de
mécomptes et auquel tant de conditions favorables
doivent être ménagées !

Faire disparaître les causes de destruction avant
de repeupler, c'est là une vérité qui paraît tellement évidente que je me reprocherais d'insister
outre mesure à ce sujet.

Cependant, il faut bien reconnaître que telle est,

· à cet égard, l'imprévoyance de la plupart des chasseurs, que nous avons tous vu, maintes fois, un propriétaire ou une société de chasse commencer par repeupler au lieu de *commencer par détruire les bêtes de proie.*

Aussi quelles déceptions ne résultent pas de cette habile pratique!

Mettre du gibier dans une chasse peuplée de renards ou d'autres bêtes de proie de moindres capacités destructives, c'est garnir à plaisir le garde-manger de ces voleurs de gibier ; c'est confier son porte-monnaie à un détrousseur de grandes routes.

Détruisons donc, avant tout, *autant* de bêtes puantes *que nous le pourrons,* puisqu'il est malheureusement si difficile de purger entièrement un canton de ces braconniers haïssables que le bon Dieu semble avoir créés plutôt dans le but de faire endiabler les chasseurs, que pour affirmer une fois de plus cette grande loi de compensation à laquelle tout est soumis dans l'ordre naturel.

Il n'existe pas de moyens de détruire un renard que je n'approuve les yeux fermés : piéges de toutes sortes, amorces empoisonnées, battues, guets-apens, violation de domicile, asphyxie, pendaison et le reste : rien n'est de trop pour ce bandit.

Mais, fort heureusement, si le renard possède au

suprême degré les « qualités » nuisibles au gibier ; s'il est peut-être de tous les braconniers le plus habile, le plus patient, le plus rusé, ce méchant animal est fort loin de mériter, quand il s'agit de défendre sa vie, cette réputation de finesse et de prudence dont il est en possession de temps immémorial.

C'est là encore une de ces idées qui me sont personnelles, et qui choqueront peut-être certaines convictions bien enracinées ; mais tout ce que j'ai vu, tout ce que je sais du renard, me semble démontrer la vérité de cette affirmation.

Faites-moi la grâce de m'écouter un instant avant de me pendre et comparons, sans parti pris, le savoir-faire du loup à celui du renard.

Le renard donne à tous les piéges, à tous les appâts ; sa chasse, à l'aide de chiens courants, est de toutes la plus facile ; il n'est pas jusqu'à son terrier lui-même qui n'aide à sa destruction ; il se hasarde presque chaque nuit à courir la plaine ; il s'approche en tout temps des habitations.

Quand je dis qu'il s'approche en toute saison des habitations, je n'entends pas dire qu'il prendra le milieu du pavé pour se rendre aux environs de la ferme dont il convoite les succulents commensaux, je ne prétends point qu'il choisira le milieu du jour pour cette expédition, mais je

vous demande d'examiner, par un beau « revoir »
les *rayes* qui séparent les pièces de terre accé-
dant aux bois, et, s'il y a des renards dans le pays
il sera bien rare que vous ne trouviez pas, aprè
quelques recherches, la trace de ce petit pie
rond et serré, aux allures si régulières, et qui ja
mais ne se méjuge.

Et n'allez pas borner votre quête à ces *rayes*
vous trouverez tout aussi bien la voie de l'effront
maraudeur dans l'une des ornières d'un chemi
d'exploitation ou le long d'une haie.

Dès que vous aurez reconnu une ou deux de ce
voies, vous en savez assez : prendre un renard dan
de telles conditions est l'AB C du métier. Cec
me permet de dire en passant, que c'est là pré
cisément une des raisons qui me font suspecte
les connaissances d'un garde vantant ses mérite
de piégeur, si je l'amène à confesser que, pou
être assuré de son affaire, il lui faut pouvoir opé
rer dans les plaines en bordure de bois.

Nous venons de relever quelques-unes des voie
habituelles du renard. Dites-moi maintenant
jamais le loup se hasardera aussi légèrement.

Même aux plus mauvais jours des plus mauvaise
années, alors que *la faim le fait sortir du boi*
dites-moi si dans ces expéditions de jour ou d
nuit, auxquelles l'oblige la nécessité de *chercher s*

vie et de faire des coups d'audace pour apaiser la faim terrible qui le dévore, dites-moi, je vous prie, si vous avez vu souvent un loup isolé débûcher précisément au même endroit, « enfiler » la même raye, et suivre exactement le même chemin pour se rendre au carnage.

J'en appelle à nos plus habiles observateurs.

La règle est que le loup, après avoir quitté son fort, éventera longuement les quatre points cardinaux et les intermédiaires, qu'il battra à bas bruit les abords de l'enceinte avant de la franchir, et qu'à la moindre apparence de danger, il ira sortir à l'extrémité opposée, sauf à revenir plus tard, et avec des précautions infinies, s'assurer que la cause qui l'avait effrayé a disparu, et que la voie est libre. Encore faut-il, pour qu'il agisse de la sorte, qu'il y soit invinciblement sollicité par une faim... de loup.

Tout ce qu'on pourra raconter de loups *tirés au déboulé* (hum !!) ou surpris tout à coup à quelques mètres, ne prouvera rien contre cette vérité. Ce sont là des hasards qui peuvent se produire peut-être ; mais ce ne sont que des hasards.

Moi qui vous parle, j'ai bien vu un loup, dont j'ai eu, ma foi ! grand'peur, et qui sachant sans doute qu'un collégien de treize ans armé d'un petit fusil à un coup était tout à fait sans conséquence, est venu pour ainsi dire se jeter dans mes jambes. On parlait beaucoup dans le pays d'un grand chien de ferme enragé, qui s'était enfui; je crus que c'était ce chien, et d'effroi, je pris mes jambes à mon cou. L'animal d'ailleurs ne gagna pas grand'chose à mon émotion, puisqu'il fut tué par mon père à quelque cent mètres. C'est même ainsi que je sus que j'avais vu un loup

Si affamé qu'il soit, et sauf des cas tout à fait extrêmes dans notre pays, le loup n'oublie jamais le danger dont il est incessamment menacé par l'homme. La nature l'a pourvu de sens d'une exquise finesse qu'il met avec une merveilleuse intelligence au service de sa méfiance, toujours éveillée.

Aussi, est-ce bien plutôt du loup que du renard qu'on peut dire, avec vérité, qu'il va chercher au loin la pâture de ses petits, afin de ne pas appeler l'attention du voisinage, faisant sans doute cet habile calcul, qu'on le cherchera là où il commet ses déprédations, c'est-à-dire à deux lieues, quand son liteau est à deux pas.

Le loup n'est pas compris habituellement dans la nomenclature des bêtes nuisibles, pour la destruction desquelles il est d'usage de donner aux gardes une gratification. La raison en est que, dans la plupart des chasses, la présence de ce dan-

gereux carnassier est heureusement un fait acci-
dentel.

Ajoutons aussi que dès qu'un loup est signalé
dans un canton, sa poursuite devient une affaire
d'intérêt général, plus encore qu'un intérêt particulier au propriétaire de la chasse sur laquelle
l'animal est venu chercher un refuge.

Aujourd'hui, dans notre France où l'agriculture a fait tant de progrès, a envahi tant de terrains boisés, le loup ne peut plus guère élire domicile que dans les grands bois éloignés des centres
de population, dans de vastes forêts, ou dans les
« pays de bocage », comme on dit en Normandie.

Le loup est donc forcément nomade. — Chacun
est conjuré à sa perte, partout sa tête est mise à
prix, et l'État lui-même donne une prime pour sa
destruction.

Si votre garde tue ou « piége » un loup, il tou-
chera cette prime pour le service qu'il a rendu à l'a-
griculture ; ajoutez-y une récompense proportionnée au service qu'en même temps il vous a rendu, à vous et à votre gibier, et ce sera justice.

Ce n'est donc qu'exceptionnellement, dans la
plupart de nos provinces, qu'il arrivera de rencontrer un loup ; mais, comme les moyens employés pour détruire ce carnassier sont à la fois
instructifs et peuvent également s'appliquer au

renard, aucun chasseur, je l'espère, ne me repro
chera de lui consacrer quelques pages.

D'ailleurs, n'eût-on qu'une fois en sa vie l'occa
sion de combattre cette bête dangereuse, il fau
pouvoir lutter contre elle avec quelques chance
de succès.

Je ne parlerai point de la chasse du loup au
chiens courants, parce que ce n'est pas là un pro
cédé de destruction à la portée de tout le monde
Je me bornerai à indiquer les moyens les plu
propres à se débarrasser de cet ennemi, sans tan
de fracas, mais peut-être plus sûrement.

Je ne m'étendrai pas non plus bien longuemen
sur les battues, bien que je les considère comm
l'un des bons moyens de détruire les loups ; mai
ces battues, habituellement ordonnées ou permise
par l'autorité administrative, sont le plus souven
conduites par un lieutenant de louveterie, et il n
saurait entrer dans ma pensée de mettre en dout
la compétence d'aucun de ces messieurs. J'ajou
terai que, dans ce cas, ces battues se font avec u
certain appareil : des hommes sont réquisitionnés
une meute est de la partie, et voici qui sort dt
cadre que je me suis tracé.

Mais tout le monde n'étant pas lieutenant de lou
veterie, vous me permettrez de signaler une de
fautes que commettent souvent les simples mortel

auxquels est dévolue la délicate mission de diriger les battues proprement dites.

Voici comment on devrait toujours procéder.

En premier lieu, les tireurs doivent s'échelonner *à bon vent* (cette précaution, quand il s'agit de traquer un loup, est plus indispensable encore que pour aucune autre bête) le long de l'enceinte où la présence de l'animal a été constatée, et gagner leurs places dans le plus grand silence. Cette manœuvre se fait bien partout, parce qu'elle est fort simple : le silence seul laisse trop souvent à désirer.

Mais c'est la marche des rabatteurs qui me semble le plus fréquemment mal ordonnée.

Au lieu de réunir tous ces hommes au même endroit, comme je l'ai vu, il est fort important de les séparer en deux bandes. Chacun de ces groupes doit être à l'avance posté l'un à droite, l'autre à gauche de l'enceinte, et, bien entendu, à une distance suffisante de l'endroit où doit commencer la battue pour qu'il y ait toutes probabilités que le loup n'en puisse prendre connaissance.

Au signal convenu, les deux bandes marchent l'une sur l'autre, vivement, jusqu'au moment où les deux hommes formant la tête de chaque colonne sont arrivés à distance convenable, aucun des rabatteurs ne devant, d'ailleurs, dépasser la

place qu'il doit occuper au moment où tous s'é-
branleront pour entrer dans l'enceinte; ce sont les
gens destinés à garder les ailes surtout qui doivent
gagner leurs places le plus promptement possible.

La disposition des lieux se prête, dans presque
tous les cas, à cette manière d'opérer, qui présente
un grand avantage sur celle qui consiste à réunir
tous les traqueurs sur un même point.

Il ne faut pas oublier, en effet, que, les *tireurs*
étant toujours postés *sous le vent*, les *rabatteurs*
sont toujours *à mauvais vent*. Or, si ces derniers
sont tous réunis au même endroit, à gauche par
exemple, le loup, dont l'attention est si vite éveillée, pourra prendre connaissance de la manœuvre
dès qu'ils se mettront en marche à la queue leu-
leu, et se dérober par la droite à l'extrémité opposée de l'enceinte. Si rapidement que le mouvement
soit exécuté, l'animal peut avoir vidé l'enceinte
bien avant que les premiers traqueurs soient
arrivés à l'endroit où leur présence eût suffi, probablement, à lui couper la retraite.

Et veuillez bien noter que cet inconvénient, dont
j'ai été témoin, est d'autant plus à redouter qu'il
est plus difficile de détourner un loup d'aussi près
qu'un chevreuil, de manière à *raccourcir l'enceinte*,
comme on dit en vénerie. Il en résulte que les
portions de bois à battre sont presque toujours

assez vastes, et qu'il faut, par conséquent, un certain temps pour les entourer.

C'est là, j'en suis convaincu, la cause la plus fréquente des buissons creux que l'on a si souvent à regretter dans les battues au loup.

Quand tout le monde est en place, les traqueurs se mettent en marche. Quelques auteurs veulent qu'ils fassent grand tapage, et vont jusqu'à recommander l'emploi des clochettes, du chaudron, des cymbales même; d'autres conseillent de ne point mener si grand bruit. Mon avis est que, dans l'un et l'autre cas, et sauf de rares exceptions, le loup filera, surtout si les tireurs sont bien sous le vent et soigneusement cachés. Sans doute un vieux loup, instruit par l'expérience, déjà plusieurs fois traqué, pourra se souvenir que ce n'est point du côté d'où vient le bruit qu'est le danger; mais, dans la plupart des cas, je le répète, le loup fuira devant les rabatteurs si toutes les dispositions ont été bien prises, toutes les précautions en usage dans les battues minutieusement observées.

N'oubliez jamais que l'animal cherchera toujours les *fourrés* pour s'approcher de la lisière de l'enceinte : les fourrés, les fossés couverts de ronces sont donc les bonnes places. — Mais ouvrez l'œil... plutôt que l'oreille! car le drôle est arrivé si prudemment que vous le verrez peut-être bondir et disparaître avant de l'avoir entendu.

Le tabac, sous toutes ses formes, doit être scrupuleusement banni de ces expéditions. J'ai même gardé le souvenir d'un vieux chasseur, priseur forcené, qui se condamnait au martyre de résister pendant de longues heures à sa passion pour le « râpé », chaque fois qu'il prenait part à une battue au loup. Il poussait le scrupule jusqu'à confier à un rabatteur sa chère tabatière, qui était grande comme une petite malle, et il avait dans son sac nombre d'anecdotes à l'aide desquelles il prétendait démontrer la nécessité de cette précaution. Mais c'est là, je crois, un héroïsme superflu, et je n'entendais, quant à moi, adresser qu'aux seuls fumeurs la recommandation de s'abstenir.

C'est une opération bien hasardeuse que d'essayer de reprendre les devants d'un loup manqué au passage, et je ne conseillerai jamais de tenter cette manœuvre avec les seuls moyens en usage dans une simple battue comme celle dont nous venons de parler. S'il s'agissait d'un louvart poussé par des chiens courants, ce serait une autre affaire. Mais je m'arrête, car je sortirais du sujet qui nous occupe, c'est-à-dire de la battue proprement dite, et je n'entends pas parler ici de la chasse à courre.

En ce qui concerne l'affût, je dirai qu'il est bien rare d'y réussir. Je ne veux décourager personne, mais il m'est permis de constater qu'il faut une patience et une foi robustes pour aller se poster pendant de longues nuits à trente mètres de quelque membre de charogne, dans l'espérance que le loup y viendra « donner ».

Ce n'est point, certes, qu'il ne prenne bientôt connaissance de l'appât offert à sa gloutonnerie; l'excessive finesse de son nez le lui indique de fort loin; mais il sera extrêmement rare qu'il s'en approche, si vous êtes là. Je suis persuadé que la subtilité de son odorat lui permet de reconnaître qu'aux émanations tentantes qui s'échappent de cette viande pourrie, vient s'ajouter une odeur de chair fraîche, dont les loups n'ont point coutume de se nourrir.

Avec la battue, les meilleurs moyens employés pour la destruction des loups consistent à les prendre au piége et à les empoisonner à l'aide d'appâts.

J'avoue que j'ai un faible pour ce dernier moyen; mais le piége a bien aussi son mérite, et nous allons procéder par ordre.

Les piéges le plus généralement employés sont de deux sortes : le piége ordinaire à palette et le piége allemand.

Je ne crois pas qu'il soit bien utile de donner la

description de chacun de ces engins; les marchands qui les vendent montreront à votre garde comment ils se manœuvrent, si par malheur il l'ignore.

Quant à celui des deux systèmes auquel doit être donnée la préférence, je ne prendrai pas sur moi de le décider, sachant fort bien que chaque piégeur possède d'excellentes raisons pour trouver à celui dont il fait usage des perfections de toutes sortes, et à l'autre tous les défauts imaginables.

Si mon avis pourtant était réclamé, je dirais que je penche vers le système à palette, qui me semble plus maniable. Mais la vérité est que le meilleur est celui dont on a l'habitude de se servir, et dont on connaît, par conséquent, toutes les ressources.

Les précautions à observer pour tendre le piége sont beaucoup plus minutieuses si vous vous proposez de prendre un loup, que s'il s'agit de tout autre carnassier, et surtout du renard, attendu, je le répète, que le loup est infiniment plus méfiant, plus habile à déjouer les embûches qui menacent son existence.

Pour le renard, on peut tendre au terrier, ou dans une coulée, sans qu'il soit indispensable d'employer une *amorce* ou une traînée pour l'amener au piége.

Ce moyen ne peut réussir pour le loup que tout à fait exceptionnellement, à cause de l'incertitude où l'on est presque toujours sur la voie *exacte* suivie par cet animal qui, d'ailleurs, ne demeure jamais longtemps au même endroit et et dont le rembûchement *précis* n'est pour ainsi dire jamais assuré.

A part l'époque où la femelle élève ses petits, le loup, toujours menacé, toujours en quête pour chercher sa nourriture, n'a guère de refuge fixe ; sauf à y revenir dans deux ou trois jours, il sera demain à plusieurs lieues de l'endroit où vous venez de constater sa présence.

C'est donc à l'aide d'une *traînée* qu'il faut tenter d'amener au piége le rusé carnassier.

J'avoue que ce qui suit n'est pas fort... « ragoûtant » ; mais outre que je n'écris pas en ce moment pour des dames, c'est « *la faute du loup* » et non la mienne, tout comme pour « la pauvre Collette » de la chanson.

Pour faire cette traînée, le garde attachera au bout d'une corde quelque bête morte, déjà en putréfaction, et une heure environ avant la tombée de la nuit (il vaut mieux faire cette opération avant le coucher du soleil), il *traînera* cette amorce dans les endroits où le loup pourra en prendre connaissance. De temps en temps, sur cette voie, il laissera tomber un lambeau de cette même chair dont il aura pris soin de faire une petite provision avant son départ.

Mais il ne doit pas omettre de ne toucher à ces amorces qu'avec des gants, et non pas les mains nues. Qu'il prépare même tout cela dès le matin, de manière à laisser à l'odeur de l'homme le temps de s'évaporer; qu'il frotte aussi ses souliers avec cette odorante charogne, et qu'il n'oublie pas de répéter plusieurs fois cette opération pendant le trajet qu'il lui faut parcourir.

Le loup a l'odorat si fin, que ce serait encore une grave imprudence de toucher au piége avec les mains nues. Je sais que bien des piégeurs ne se font pas scrupule de manier leur piége sans y mettre tant de soin; mais ces piégeurs là ont tort et c'est là, certainement, une des raisons qui rendent si rare la prise d'un loup.

Cette précaution, bien moins importante quand il s'agit du renard, doit donc être rigoureusement observée pour le loup; il faut que tout soit imprégné du seul parfum de la bête morte qui lui est offerte.

Ne croyez pas que ce soient là des minuties; pour un loup qu'on prendra sans avoir observé toutes ces précautions, dix seront manqués, parce que l'une d'elles aura été négligée; rien de tout cela n'est de trop; et malgré tous vos efforts, si affamé qu'il soit, si forte que soit pour lui la tentation, il y a beaucoup à parier que l'animal ne suivra pas cette voie la première nuit; ou, s'il la suit, ce sera non pas en marchant dans la voie elle-même, mais bien en la côtoyant à quelques mètres à droite ou à gauche.

J'ai vu, dans le département de la Sarthe, il y a plusieurs années, un loup ne donner au piége que la cinquième nuit, et cependant il avait été facile de constater que, dès la première, il avait eu connaissance de l'appât. Mais il ne s'en était pas approché à plus de cent cinquante mètres, dûment abrité au fond d'un fossé bordé d'une forte haie. Le lendemain, il tourna la position en l'abordant un peu de côté sur la droite; puis, après quelques prudentes allées et venues, il s'éloigna une seconde fois. Les jours suivants, il gelait, nous n'en eûmes pas connaissance; et ce ne fut que le matin du cinquième jour que nous trouvâmes le piége enlevé.

Cependant l'homme qui avait fait la traînée et *tendu* s'y entendait fort bien : il n'avait négligé aucune des attentions destinées à vaincre les hésitations de la bête affamée. Son piége était placé au centre de diverses traînées, sur chacune desquelles il avait laissé des morceaux de la bête même qui servait d'amorce, de loin en loin d'abord, puis rapprochés davantage à mesure que les rayons se rapprochaient eux-mêmes du piége, lequel formait ainsi comme le milieu d'une table fort agréablement servie… pour un loup.

Le piége doit naturellement être entièrement dissimulé : il faut donc dégarnir soigneusement, à la profondeur voulue, le terrain sur lequel il doit être placé et prendre soin de s'assurer que rien n'en gêne le fonctionnement.

Selon l'endroit où il est tendu, on le recouvrira de terre, de feuilles sèches ou d'herbes, de manière que rien n'indique à l'œil la place qu'il occupe, que cette place ne puisse éveiller l'attention, et que rien ne soit changé dans l'aspect de l'endroit où il est caché. Bien faire les « *raccords* », comme disent les peintres en bâtiment, voilà encore qui demande du soin, et ce n'est pas, croyez-le bien, un mince talent que de réparer ainsi le désordre inévitable causé par cette délicate opération de bien poser un piége.

Je me souviens d'avoir plusieurs fois accompagné un garde qui, de manière à faire disparaître l'excédant de terre qu'il avait enlevée pour faire place au piége, au lieu de jeter cette terre aux alentours, « *à toute volée,* » comme font habituellement les piégeurs, poussait les scrupules jus-

qu'à la recueillir soigneusement dans son mouchoir, au besoin dans son carnier, afin que cette
terre fraîchement remuée ne pût éveiller la méfiance des renards.

Quand cela est possible, on choisit une place
sur laquelle pousse cette belle mousse qui s'enlève aisément par larges plaques, et qui semble
faite tout exprès pour recouvrir le piége, sans le
laisser soupçonner.

Toutes ces choses sont bonnes à retenir, et fort
importantes ; mais je conviens qu'un peu de pratique en apprend davantage, et qu'il n'y a rien
de tel que de voir opérer un bon piégeur, ou
d'opérer soi-même. Il y a dans tout cela un intérêt singulier, attachant au suprême degré, et je
comprends qu'un garde aimant son métier se
passionne pour cette sorte de combat, pour cette
lutte de ruses et de finesses contre les plus mé-
fiants adversaires du chasseur et les plus dangereux ennemis du gibier. Or c'est précisément
pour un homme animé du feu sacré, mais man-
quant encore d'expérience, que je recommande
ces renseignements à mes lecteurs.

C'est devenu un axiome, qu'il ne faut jamais
fixer un piége à terre ; il suffit d'attacher solidement au bout de la chainette un fort bâton de
60 ou 80 centimètres. J'ai vu employer des bâ-

tons plus courts; mais, sans présenter d'avantages fort appréciables, ils ont l'inconvénient de permettre quelquefois à la bête de faire plus de chemin qu'il n'est nécessaire.

Dès que l'animal se sent pris, il se rejette en arrière pour fuir la douleur; sa préoccupation à ce moment n'est point de se dégager, mais de se cacher.

Il cherche donc à gagner un fourré; mais, outre que le piége le gêne déjà singulièrement, ce diable de bâton s'accroche dans les herbes, dans les ronces, dans les fougères; plus la malheureuse bête s'efforce de pénétrer dans le bois, plus elle s'empêtre; elle se tire d'un petit roncier, et la voilà partie de nouveau, traînant son boulet; deux pas plus loin, elle est arrêtée dans une cépée. De guerre lasse, elle finit par se raser.

Les traces qu'elle laisse ainsi sont fort apparentes : on n'a que la peine de les suivre, et l'on aperçoit bientôt une forme encore indécise, de couleur grisâtre, à moitié cachée sous l'herbe..... C'est le loup! Le pauvre diable est là, hébété, la tête et l'oreille basse, l'œil louche et hagard tout à la fois, et comme prévoyant le sort qui l'attend.

Son procès, en effet, est bientôt jugé.

Tout se passe de la même façon pour le renard.

Quelques bons piégeurs ne se contentent pas

Loup pris au piége.

de *traîner* une bête morte pour amener le loup jusqu'au piége ; ils cherchent à compléter l'effet de la traînée, au moyen « *d'appâts* ».

Je ne sais, en ce qui me concerne, jusqu'à quel point ils ont raison. Les émanations qui se dégagent du cadavre d'un chien en putréfaction me semblent pourvues de tous les attraits qui peuvent exciter chez le loup la tentation de se payer un succulent régal, et si j'étais loup, il me semble que loin de me laisser séduire par un appât artificiel, je me tiendrais en garde contre tout ce qui n'aurait pas bien franchement une odeur *nature*. Mais tout le monde, à cet égard, ne pense pas comme moi, et les loups ont peut-être des faiblesses que j'ignore.

Il était donc impossible, parlant de la destruction de cet animal, de ne point parler des appâts.

On en fabrique de toutes sortes : chacun a le sien, qui est le bon. On m'en a recommandé beaucoup, tous fort mystérieusement composés. Je n'ai pas remarqué qu'ils eussent de meilleurs effets qu'une vulgaire côte de cheval ou qu'un quartier de mouton crevé.

En voici un, que je ne garantis pas autrement, mais auquel l'inventeur attribuait la prise d'une louve superbe, sur le point de mettre bas, et qui, pendant tout l'hiver, avait fait de véritables ravages dans le pays, après avoir déjoué des embûches de toute nature. En voilà une qu'on a souvent affûtée! Elle ne s'en portait pas plus mal.

Cet appât se composait de vieux saindoux rance et de suif de chandelle mal épurée, en proportions à peu près égales; cependant le saindoux dominait. Quand cette mixture était bouillante, mon homme y jetait quelques graines de genièvre, une petite branche de genêt, puis une partie des intestins et de la graisse de la bête crevée, ce qui devait servir à compléter l'effet de la traînée. Cela bouillait pendant quelques heures, puis il laissait refroidir. Avec cet onguent préparé dès la veille, l'opérateur frottait ses mains, ses souliers, son piége lui-même, et je vous réponds que tout cela exhalait un parfum de haut nez. J'oubliais d'ajouter qu'il avait fait frire dans une petite quantité de cette graisse quelques morceaux de pain destinés à être laissés sur la traînée en même temps que le résidu des intestins.

Je ne sais si c'est à l'effet de cet appât qu'il faut réellement attribuer la prise de cette belle louve, dont la peau fut achetée par un de mes amis; le bûcheron qui l'avait composé l'affirmait sur sa tête. Mais peut-être par amour-propre d'auteur (car je crois que le bonhomme n'en vendait guère), peut-être vantait-il sa marchandise.

En tout cas, je dis ce que j'ai vu, et je cite mes autorités.

On peut aussi prendre des loups en creusant une fosse que l'on recouvre de menues branches et au milieu de laquelle on plante un pieu destiné à recevoir l'appât. On amène le loup à cette fosse, toujours au moyen d'une traînée.

C'est là, je crois, un moyen à peu près abandonné aujourd'hui, surtout à cause des dangers qu'il peut présenter aussi bien pour l'homme que pour les animaux domestiques, dangers qui, cependant, ne me semblent ni bien redoutables, ni bien difficiles à prévenir.

J'ai vu une fosse ainsi construite; mais peut-être quelque cause que je n'ai point devinée s'opposait-elle à la réussite, car d'un côté je n'ai jamais entendu dire qu'une prise y ait été faite, et pourtant je sais que ce moyen a été employé ailleurs avec succès.

On peut enfin, sur les traînées, déposer des appâts empoisonnés. Je suis très-partisan de ce moyen de destruction, malgré les quelques inconvénients qu'il peut présenter, car je le considère comme celui dont l'emploi est peut-être le moins difficile et en même temps le plus efficace.

Avant d'entrer dans les détails du « piégeage », qui sont spéciaux au renard, nous allons sans plus tarder nous occuper de la question de l'*em-poisonnement* des bêtes nuisibles, de manière à er finir avec le loup.

Pour empoisonner les bêtes nuisibles, on fai usage de l'arsenic ou de la strychnine : je ne dira rien de la nicotine, parce qu'elle me semble ren-trer dans le domaine de la pure fantaisie.

L'arsenic est loin de valoir la strychnine, parc qu'il agit beaucoup plus lentement. Il en résult qu'il est bien rare de trouver l'animal empoi-sonné, ce qui ne laisse pas que d'être fort désagréa-ble, puisqu'on ignore ce qu'est réellement de venue l'amorce, et si elle a été enlevée par ur renard, par un chien, ou par tout autre animal

Cette lenteur avec laquelle agit l'arsenic pré sente un autre inconvénient plus grave. Il ne fau pas oublier, en effet, que le loup et le renard, d même que le chien, jouissent de la faculté, que leu eussent envié les immortels mangeurs de l'an-cienne Rome, de se débarrasser des aliments qu les gênent, à l'aide de vigoureuses contraction d'estomac. Il ne semble donc pas douteux que, dè les premières douleurs, l'animal ne s'empresse d rejeter une partie de son dîner, et, par consé-quent, une certaine quantité du poison néces saire pour déterminer la mort.

Je suis en cela d'accord avec de plus savant

que moi, ce que je m'empresse de constater avec orgueil, n'étant pas coutumier de semblable bonne fortune.

Je dois ajouter qu'il est assez difficile de se procurer de l'arsenic. Il est formellement interdit aux pharmaciens de vendre cette substance à l'état pur ; c'est là une raison qui aurait dû me dispenser, peut-être, de donner les autres, mais je viens seulement d'y penser.

La strychnine, au contraire, dont la destination, quand c'est un chasseur qui la demande, est généralement connue et dont, peut-être, les criminels ont moins abusé jusqu'à ce jour, se livre sans difficulté à une personne honorablement connue, sur le certificat d'un maire ou sur une ordonnance de médecin.

D'un autre côté, les effets qu'elle produit sont beaucoup plus prompts, et si l'on ne peut dire que les ravages qu'elle exerce sont instantanés, du moins est-il certain qu'elle détermine rapidement chez l'animal empoisonné une sorte d'inquiétude, de malaise, qui semble l'engourdir ou l'absorber.

Ces premiers symptômes m'ont semblé présenter une certaine analogie avec les effets résultant de la morsure de la vipère. Il n'y a cependant, je le sais, aucun rapport entre la strychnine et le virus des serpents, qu'on peut impunément avaler et dont les effets ne se produisent que lorsque ce virus est introduit dans la circulation. Je ne pense pas, non plus que la strychnine soit comptée au nombre des poisons stupéfiants, et je me hâte de reconnaître que l'état de stupeur dure peu et que les grandes convulsions arrivent rapidement. Je dois ajouter, toutefois, qu'ayant toujours refusé d'assister à l'agonie préméditée d'un malheureux chien, c'est sur des chats que j'ai vu faire l'expérience et que j'ai constaté l'effet que je viens de dire.

Mais je suis loin d'avoir la prétention de décider la question scientifique, et je n'ai émis cette opinion que parce qu'elle me semble expliquer pourquoi les bêtes empoisonnées à l'aide de la strychnine ne sont jamais, ou presque jamais, trouvées à de grandes distances de l'endroit où elles ont pris leur dernier repas.

Vous avez souvent entendu dire à un garde qu'il trouvait tous ses renards dans un rayon de vingt mètres autour de l'endroit où il avait déposé l'amorce ; mais j'imagine que vous n'avez pas pris cette affirmation radicale au pied de la lettre ; vous avez eu d'autant plus raison de suspecter une telle déclaration, qu'elle est ordianirement suivie d'un correctif inquiétant : — « Toutes les amorces

enlevées n'ont pas l'effet qu'on en attend, disent
ces gardes ; mais toutes celles qui réussissent
tuent l'animal instantanément, et il ne fait pas
vingt mètres. »

Toute amorce dévorée, quand elle a été convenablement préparée, produit un effet invariable :
la mort. Or les gardes qui prétendent à la fois que
l'effet du poison se produit dans un rayon très-
rapproché, et que toutes les amorces ne produisent pas d'effet, ne prouvent qu'une seule vérité :
c'est qu'ils ne savent retrouver que les animaux
qui ont été pour ainsi dire foudroyés, et qu'ils
perdent les autres.

Or il est fort important de savoir ce qu'est devenue toute amorce enlevée, et un bon garde doit
mettre tous ses soins, toute sa patience, dans les
recherches de nature à fixer ses doutes.

Je n'ai jamais eu l'occasion, malgré plusieurs
tentatives dont l'une, ma foi, a failli réussir, d'assister personnellement à l'enlèvement même d'une
amorce, de sorte que je ne puis dire précisément
ce qui arrive à l'animal qui vient de la dévorer ;
mais si, ce qui est fort probable, les choses se passent pour le loup, par exemple, comme pour les
malheureux chats dont je parlais tout à l'heure,
au bout de quelques minutes l'animal se couche ;
ensuite des tressaillements se manifestent, puis

des convulsions musculaires se produisent, qui n'ont de terme que la mort.

La strychnine, pour toutes les raisons qui précèdent, me semble donc le meilleur poison à administrer aux bêtes nuisibles : elle est éminemment soluble dans les sels de l'estomac, et l'animal qui en a ingurgité huit à dix centigrammes n'a plus qu'à faire son deuil des joies de l'existence.

La question de quantité : voici encore un point fort délicat, et je ne puis affirmer que je n'ai point dépassé la mesure nécessaire; sous ce rapport, un homme de l'art vous renseignera donc mieux que moi. Je dirai seulement qu'il n'y a pas, à forcer la dose de strychnine, le même inconvénient que s'il s'agissait de l'arsenic, car une trop grande quantité de ce dernier poison aurait infailliblement pour effet de provoquer et de faciliter les déjections, ce qui serait aller contre le but à atteindre : ce résultat n'est pas à redouter avec la strychnine.

Je savais, en outre, que cinq centigrammes de strychnine suffisaient pour tuer un homme; aussi, désireux de bien faire les choses, avais-je décidé d'en offrir une dizaine à un loup, huit à un renard, et environ deux ou trois à la belette, de même qu'à la fouine et à son cousin le putois. D'ailleurs, j'avoue n'avoir jamais fait de pesée bien exacte ; je mesurais tout cela au doigt et à l'œil, comme on dit, et j'ai toujours eu, je le confesse, une forte tendance à augmenter la dose, convaincu qu'avec un tel poison, trop vaut mieux que pas assez. Si c'est trop, consolez-vous en pensant que voilà des gaillards qui ne résisteront pas plus aux effets de votre attention (même exagérée), « que s'ils avaient été invités à souper par César Borgia en personne ». Et puis, on ne sait pas ce qui peut arriver, une partie du poison peut n'être pas absorbée, ou se répandre à terre pendant le repas de notre convive ; enfin je crois qu'il vaut mieux n'être pas mesquin et mesurer largement.

Mais il n'est pas possible, malgré tout, de déterminer la distance à laquelle sera tué l'animal qui vient d'avaler le poison. Cela dépend de diverses causes : de l'époque de son dernier repas, quelquefois de sa vigueur, m'a-t-on dit (mais j'en doute), et enfin des conditions dans lesquelles le poison est descendu dans son estomac. Il peut arriver, en effet, mais rarement, si je ne me trompe, que momentanément les parois mêmes de l'estomac se trouvent à l'abri des effets directs de la strychnine, si celle-ci, par hasard, est renfermée au milieu d'un lambeau de chair gloutonnement avalé.

Il ne suffit pas, je le répète, d'être chasseur pour bien préciser tout ce qui précède : il faudrait encore être un savant. Aussi vais-je me hâter de rentrer modestement dans le domaine des choses qui me concernent.

Vous voudrez bien reconnaître, du moins, que nous voici passés, tout naturellement, du loup au renard, puisque tout ce que nous disons, depuis longtemps déjà, s'applique également aux deux bandits.

Avant d'indiquer le moyen qui m'a paru le plus simple et le plus sûr de bien « empoisonner » une amorce, je dirai que les oiseaux me semblent destinés, hélas! à faire les frais de cette utile opération.

Les oiseaux habitent les mêmes lieux que les bêtes nuisibles et leur servent trop souvent de pâture. C'est là précisément ce qui constitue leur mérite, car il n'est pas douteux qu'avant de rencontrer cette grive empoisonnée que vous lui avez savamment préparée, le renard n'ait eu maintes fois, au temps de la jeunesse des grives, l'occasion d'apprécier la délicatesse de ce fin morceau; il hésitera donc d'autant moins à profiter de la bonne fortune qui lui tombe..... du petit sac de votre garde.

Il faudrait, je l'avoue, de bien bonnes raisons

pour me faire revenir de cette opinion que les oiseaux sauvages sont, de toutes les amorces, les
meilleures.

Je n'entends pas toutefois rejeter absolument
les autres appâts, et je reconnais un certain mérite à une souris, à une taupe, à un morceau de
mouton (voire à un chien crevé, s'il s'agit du
loup). Un canard, une poule, un lapin, ont également leur valeur, de même que les boulettes et les
œufs, comme aussi le poisson lui-même, que le
renard ne dédaigne point. Vous savez que le renard
mange jusqu'au hanneton. Je connaissais un garde
qui prétendait empoisonner les renards avec des
hannetons. Qu'en pensez-vous?

Il ne faut point répandre le poison sur les différentes parties de l'amorce, de manière à la « sau-
poudrer »; on doit, au contraire, le concentrer en
un seul endroit.

Je demande la permission d'indiquer le moyen
qui m'a paru le plus simple et le plus sûr pour
empoisonner un appât.

Prenons pour exemple un merle.

C'est vers le milieu de la partie charnue d'un
muscle que doit être mise la strychnine; les chairs
de la poitrine semblent créées et mises au monde
exprès pour l'usage auquel je les destine en cette
occasion.

Il est bon d'être deux pour l'opération, et il ne faut pas perdre de vue que moins les oiseaux seront touchés, mieux ils vaudront.

A l'aide d'une pince l'un des opérateurs soulève délicatement l'aile, et, de l'autre au moyen d'un petit bâton, il maintient l'oiseau en place, sur le flanc; puis son camarade, armé d'un scalpel ou d'un canif à large lame, pratique une incision d'environ deux ou trois centimètres de profondeur, dans les chairs de la poitrine qui recouvrent cet os qu'on nomme vulgairement *le bateau*. En maintenant l'ouverture à l'aide du scalpel, et en tenant l'aile ouverte dans le sens opposé, il est aisé de faire glisser dans la plaie une pincée de strychnine proportionnée à la force de l'animal qu'il s'agit d'empoisonner. Ceci fait, on ramène soigneusement la peau dans sa position naturelle, on remet les plumes en place, et la préparation est achevée. Il n'y a plus qu'à servir.

Je répète encore que, moins vos oiseaux d'amorce auront conservé cette odeur de l'homme, qui a le tort de ne pas attirer les loups et les renards, mieux ils vaudront. Il est donc bon de préparer dès le matin les amorces qui devront être posées avant la nuit.

Je crois qu'il vaut mieux introduire le poison dans les chairs de la poitrine que dans l'intérieur

du corps, parce qu'il peut se faire qu'un coup de
dent, ouvrant le flanc de l'oiseau, mette à nu le
poison et qu'il ne s'en répande à terre une certaine
partie; or, six ou huit centigrammes de strychnine ne font pas un bien gros volume, et s'il s'en
perdait la moitié, le résultat pourrait être compro-
mis. D'ailleurs il peut arriver aussi que l'animal
soit obligé, par une cause quelconque, de quitter la
table avant d'avoir achevé son repas, et ce ne sont
pas généralement, dans l'oiseau, les intestins qu'il
dévorera d'abord, et si l'on y avait mis le poison,
il pourrait lever le pied sans en avoir absorbé la
moindre parcelle.

C'est là précisément une des raisons qui ont conduit beaucoup de piégeurs à introduire la strychnine dans la cervelle même de l'oiseau, attendu
que plusieurs carnassiers, la fouine, par exemple,
attaquent le plus souvent leur victime à la tête :
voyez les pigeonniers, les poulaillers.

Si l'éventualité que je prévoyais tout à l'heure
semblait improbable à quelques chasseurs, je répondrais qu'elle a moins de chance de se produire en opérant comme je l'ai dit; et voilà pourquoi je recommande de mettre le poison dans les
chairs de la poitrine. Avec des ennemis tels que
ceux qu'il s'agit de détruire, il n'y a point de
précautions superflues; dix valent mieux qu'une.

Le garde doit avoir grand soin de remarquer l'endroit précis où il place ses amorces, et déposer à quelques mètres une brisée qui viendra en aide à sa mémoire. Il observera si ses oiseaux sont bien restés le *ventre en l'air*, comme il doit les mettre.

S'il s'aperçoit qu'ils ont été dérangés de place, ou si leur position n'est plus la même ; si, par exemple, il trouve la tête là où il avait mis la queue, constatant l'effet, il tâchera d'en découvrir la cause ; car il doit présumer qu'une bête puante est venue « tâter le terrain ». Il cherchera donc à prendre des *connaissances,* et les remarques qu'il pourra recueillir lui seront utiles si le lendemain l'amorce a disparu.

Dès qu'il constatera que l'une d'elles a été enlevée, il se mettra en quête, et, généralement, ses recherches ne seront pas bien longues. Mais, pour Dieu! qu'il ne les restreigne pas au fameux rayon de vingt mètres!

Le plus souvent l'animal, empoisonné dès le début de son repas, n'ira pas loin sans ressentir une certaine inquiétude, et, dès que les douleurs suprêmes seront venues, il ne lui sera plus possible d'avancer que par soubresauts. Mais, par un instinct bizarre, il cherchera encore à gagner un fourré, comme s'il voulait mourir dans l'ombre et dérober sa dépouille. Il va sans dire qu'il n'y parvient pas toujours. Il doit être, en effet, assez difficile en pareille occurrence d'agir exactement selon ses désirs.

Les traces laissées par les dernières convulsions de l'animal enpoisonné sont presque toujours apparentes, et, dès qu'il les a reconnues, un œil exercé ne perd pas beaucoup de temps en vaines recherches.

Soit que l'effet du poison ait été presque immédiat, soit que l'animal ait été retenu ou ramené par une cause quelconque près de l'endroit où il est venu prendre son dernier repas, il arrive quelquefois que l'on trouve, le cadavre du maraudeur allongé sur le flanc, à quelques mètres. J'ai vu un renard qui était ainsi venu mourir de l'autre côté du faux chemin au bord duquel était piquée la petite branche destinée à marquer la place où avait été déposée l'amorce. Mais, comme une légère couche de neige couvrait la terre, il avait été facile de constater que l'animal s'était d'abord éloigné d'au moins cent mètres, puis il avait fait un hourvari, doublant ses voies, et le hasard des dernières convulsions l'avait ramené tout près de son point de départ. Voyez : si je n'avais pas relevé la voie, je concluais que mon animal n'avait pas fait vingt mètres. Croyez bien que je vous donne

un avis pratique en vous conseillant d'enjoin
à votre garde de ne pas cesser si promptem
ses recherches. L'exemple que je viens de ci
n'est qu'une exception bizarre, et il y aurait u
véritable présomption à compter que les m
heureuses bêtes dont vous aurez causé la tri
fin mettront, dans tous les cas, autant d'empr
sement à vous éviter quelque peine.

En tout cas, il est vrai de dire que c'est avec
strychnine qu'on perd le moins d'animaux.

Je n'ai peut-être pas suffisamment insisté sur
nécessité de ne toucher que le moins possible a
oiseaux d'amorce et de ne les manier qu'avec d
pinces ou des gants frottés d'herbes des bois po
sédant un arome accentué : tels sont le thym,
lavande. L'odeur du genévrier, du genêt ou du p
est encore assez forte pour neutraliser ou du moi
pour atténuer celle que laisse le contact de
main de l'homme.

Avant de se mettre en route, le garde place
ses oiseaux d'amorce non pas au fond de so
carnier, mais bien dans un petit sac « ad hoc
convenablement aromatisé ou capitonné à l'int
rieur d'un lit tout frais de ces plantes odorantes,
il ne gâtera rien en opérant, en ce qui concerne s
chaussure, comme je l'ai dit à propos des traînée
pour le loup.

M. le vicomte de Dax, notre cher et regretté directeur à la *Chasse illustrée*, m'a raconté que l'un de ses gardes portait les amorces qu'il avait ainsi préparées sur une planchette, comme un valet de chambre porte une lettre sur un plateau d'argent. Voilà qui ne laisse rien à désirer.

Maintenant que me voici de nouveau rentré, depuis un instant, dans les choses tout à fait spéciales à la chasse, je suis plus à l'aise qu'en discutant poison et centigrammes, parce que, si je ne me sens point de taille à prendre la science au collet, il me semble qu'en parlant avec des chasseurs, nous ne pouvons faire autrement que de nous entendre.

Je n'éprouve donc aucun scrupule à recommander à mes confrères une précaution dont je n'ai pas la prétention d'être l'inventeur (bien qu'à ma connaissance personne ne l'ait encore indiquée), mais que j'ai mise moi-même en pratique, qui m'a bien réussi et qui, de l'aveu des meilleurs piégeurs que je connaisse, et auxquels je l'ai conseillée, a donné d'excellents résultats.

Cette précaution n'est qu'un stratagème basé sur la réflexion et sur des observations réitérées. Peut-être, au premier abord, ne vous paraîtra-t-elle pas avoir grande importance; mais je

9

vous demande de ne pas juger les choses sur l
parence.

J'ai employé les « fausses amorces », et je v
assure qu'elles ont leur mérite. Les fausses am
ces sont tout bonnement des oiseaux *non em*
sonnés, de même nature, de même espèce
ceux qu'on a l'intention d'empoisonner
tard. Je m'explique.

Si ce sont, par exemple, des merles ou
grives dont il se propose de faire usage, dix
douze jours avant le moment déterminé, vo
garde se procurera ou tuera lui-même un cert
nombre de merles et de grives qu'il déposera d
les endroits où il doit bientôt placer ses véritab
amorces. Les bêtes puantes qui rencontreront
oiseaux inoffensifs les enlèveront sûrement un jo
ou l'autre, ce soir ou demain matin. Elles s'h
bitueront de la sorte à accepter une aubai
agréable et « donneront » plus facilement et su
tout plus *promptement* aux véritables amorc
Leur méfiance diminuera en proportion de
fréquence de vos bons procédés, et le moind
avantage qui puisse résulter pour vous de cet
manœuvre perverse sera de vous épargner le d
sagrément presque toujours inévitable de laiss
en place, pendant plusieurs jours, vos amorc

empoisonnées. Un merle tué, votre garde le prendra tout bonnement avec le bout des doigts et le posera sans plus de façons, dans la coulée voisine, ou à l'endroit qu'il aura jugé favorable. Et veuillez remarquer que si cet oiseau a conservé une partie du *sentiment* laissé par le contact de l'homme, ce sera encore une raison qui ne fera qu'atténuer les inconvénients résultant d'un défaut de précaution dans la préparation des vraies amorces, puisqu'aucun inconvénient ne sera résulté, cette fois, pour le gourmand de sa gourmandise.

« Qui a bu boira, » dit le proverbe. Un renard qui aura déjeuné une ou deux fois avec un merle inoffensif ne se fera pas prier pour souper une autrefois avec un merle empoisonné.

Essayez du procédé, vous verrez qu'il n'est pas mauvais.

C'est une faute grave, soyez-en convaincu, de relever chaque matin les amorces qui n'ont pas été touchées pendant la nuit; et cependant, cette faute, on la commet tous les jours, et presque partout.

On oublie, en agissant de la sorte, qu'il n'est pas toujours aisé de constater les approches d'une bête puante, et qu'il est impossible d'exiger du garde qu'il « fasse le pied » autour de chaque amorce, de manière à prendre des connaissances. Celles qu'il pourrait recueillir ne sont rien moins que certaines, et, plus que dans tout autre cas, sont subordonnées à l'état du temps plus ou moins favorable, et à l'endroit où a été déposé l'oiseau ; or ce ne serait pas précisément un acte d'habileté que de mettre ses amorces au beau milieu d'un chemin humide, pour se ménager de beaux revoirs.

Il arrive fréquemment, surtout s'il s'agit du loup, que l'animal aura pris vent de la proie qui lui est offerte, mais... que les raisons de haute prudence qui lui sont particulières ne lui auront pas permis d'en approcher. Cependant, si cette proie n'est point dérangée, s'il la retrouve au même endroit, la tentation deviendra plus forte la nuit suivante ; peut-être, tant il est méfiant, n'y touchera-t-il pas encore, mais tenez pour probable qu'il finira par succomber à la tentation, si elle se présente encore une fois dans les mêmes conditions.

Le garde doit donc « surveiller » ses amorces, *mais non les déranger*, durant quelques jours.

J'ai dit que, pour le loup, les amorces doivent être mises sur les traînées. S'il s'agit simplement du renard, on peut se borner à les déposer dans une de ses coulées, ou sur les voies qu'il suit habituellement dans les bordures de plaine après avoir quitté le bois. Toutefois je ne blâmerai jamais un piégeur qui péchera par excès de prudence et de précautions.

Il n'est pas indispensable que l'amorce soit dans la voie même de l'animal. J'ai vu un bon piégeur qui préférait, au contraire, la poser à 50 ou 60 centimètres sur le côté, bien assuré que le renard ne passerait point sans en assentir, et qu'il aurait d'autant moins de défiance que les choses auraient l'air moins apprêtées, et que l'appât semblerait lui être venu plus naturellement. Pour rien au monde ce brave homme n'aurait consenti à déposer une amorce au beau milieu d'une coulée.

Je laisse à chacun le soin d'apprécier si les renards sont capables d'un calcul aussi profond que le supposait ce garde, et s'il n'y a pas là un peu d'exagération.

Quand le nombre des renards est fort restreint, et qu'il s'agit seulement de détruire un ou deux de ces maraudeurs, un lapin de garenne n'est pas un gros sacrifice, et devient une excellente amorce.

— Mettez le poison où vous voudrez, car il est probable que tout y passera, me disait un jour un de mes amis, très-habile observateur. L'épaule cependant est un bien bon endroit,..... à moins que vous ne donniez la préférence à l'extrémité opposée, qui ne le cède en mérite à aucun autre morceau, comme le savent fort bien les chasseurs et les renards.

—Mais les intestins ne sont-ils pas aussi souvent

attaqués qu'une autre partie du corps? Et le râ-
ble?...

— Il faudrait être renard pour répondre.

J'ai connu aussi un paysan, une sorte d'être am-
phibie, moitié garde et moitié braconnier, qui,
ayant remarqué que ses collets étaient souvent
visités par les renards, se débarrassait quelque
fois d'un concurrent désagréable en plaçant, dans
le collet même, un lapin empoisonné. Ceci n'est
pas trop bête.

Il faut remarquer toutefois, qu'une proie de
certaine taille, sera rarement dévorée sur place
et que le renard gagnera presque toujours l'abri
d'un fourré pour se mettre à table.

Je préfère une amorce de moins gros volume.

Je n'en finirais point si j'entreprenais de relater
toutes les ruses que j'ai vu opposer par des gens
habiles aux ruses employées par les renards. Mais il
est une chose dont il faut bien convenir, c'est qu'en
dehors des règles générales qu'il est possible de
tracer, les manœuvres à employer doivent être
modifiées dans chaque cas particulier. Ces règles
ne sont donc pas inflexibles, et je pourrais, comme bien des chasseurs, constater des exceptions
aux principes consacrés par l'expérience, sans que
mes convictions en soient ébranlées. J'ai tué une
caille à la fin de novembre ; un autre jour, j'ai tué

une bécasse dans une pièce de luzerne ; il y a deux ans, à ma barbe, un de mes amis a tué un jeune brocard au milieu d'un champ de pommes de terre. Serait-il logique d'en conclure que la caille passe l'hiver en France, que la bécasse et le chevreuil sont des gibiers de plaine ?

La nature des amorces, comme celle des appâts, varie pour ainsi dire avec chaque homme qui en fait usage.

J'ai déjà dit que je préférais les amorces *natu-relles* ; mais je n'en dois pas moins mentionner l'emploi des *boulettes,* auxquelles sont encore attachés quelques vieux gardes, peut-être un peu trop amis de la routine.

La fabrication des boulettes est simple ; demandez plutôt aux autorités municipales qui ont conservé, dans ce siècle de toutes les lumières, l'aveugle férocité d'en faire usage contre les chiens.

Que ces autorités (que le ciel confonde !) fassent répandre ces gobes perfides au travers des campagnes, en vue de diminuer le nombre des chiens errants, cela serait déjà suffisamment dangereux et absurde ; mais que, sous le prétexte de préserver les populations des atteintes de la rage, elles fassent jeter des boulettes dans les villes et dans les villages, voilà qui est à la fois grotesque et cruel, attendu que ces fameuses boulettes ne seront jamais enlevées par un chien enragé, mais toujours par une bête inoffensive échappée par aventure à son maître.

Un monsieur d'humeur paisible, en promenade de digestion (ou encore une vieille femme), rencontre un beau soir un chien essoufflé, trottant la queue pendante, comme un chien fatigué, tirant la langue à la suite d'une longue course et suant comme suent les chiens, c'est-à-dire par la gueule. Ce monsieur, qui sans nul doute est très-intrépide, mais aussi fort prudent, s'enfuit à toutes jambes en hurlant au chien enragé! Il arrive, à bout de vent, aux premières maisons et fait à qui veut l'entendre un récit convaincu des dangers terribles auxquels il vient d'échapper, grâce à son énergique sang-froid. L'émotion se répand comme une traînée de poudre; M. le maire est prévenu, tout le bourg prend les armes.

Tels sont le plus souvent, Dieu merci! les horribles méfaits à porter au compte des chiens enragés. Allons, M. le maire, vite les boulettes! C'est un remède parfait; ce doit être en même temps un préservatif souverain, et les femmes de vos administrés seront bien ingrates si elles ne vous tressent point des couronnes civiques.

Mais laissons de côté ces municipalités éclairées, et soyons sérieux.

Les *gobes* ou boulettes destinées aux renards se composent de viandes crues hachées : bœuf, veau, mouton, lapin, tout cela est fort bon.

Il faut calculer la quantité de poison de manière que chaque gobe en contienne une quantité suffisante pour qu'il n'y ait point de doutes sur son efficacité, on doit aussi prendre grand soin de faire régulièrement le mélange.

On donne de l'adhérence à cette pâtée au moyen de blancs d'œufs battus.

On pose ces gobes comme on pose les oiseaux, en observant les mêmes précautions, et l'effet produit est le même... quand elles sont enlevées.

Les gobes n'ont qu'un avantage, si réellement elles en ont un, c'est qu'il est facile d'en placer un grand nombre. On comprend, en effet, que le garde, s'il le juge utile, peut en préparer une quarantaine et les mettre le même soir dans les bois et dans les pièces en bordure. Il serait certainement plus désagréable d'être obligé de se procurer un égal nombre d'oiseaux.

Il faut reconnaître, cependant, qu'un pinson ou un verdier empoisonnés produiront le même effet qu'un canard ou qu'une tourterelle, et que ce n'est point, je le répète, le volume de l'amorce qui constitue sa valeur. Le renard ne fait-il pas la guerre au simple mulot?

Je ne vois donc pas que, même au point de vue de la quantité qu'il est aisé d'en répandre, les boulettes aient sur les oiseaux une supériorité bien appréciable, et je les crois inférieures en mérite pour les raisons que je disais tout à l'heure. C'est là, en somme, une amorce artificielle, et je préfère les autres.

Ne convient-il pas de remarquer, du reste, que ce n'est pas une petite besogne que de surveiller quarante amorces? La moitié de ce nombre exige déjà beaucoup de soin et d'attention, si elles ont été bien posées.

Le renard, comme vous savez, ne dédaigne pas le poisson : il s'en montre au contraire assez friand. On a tiré parti de ce goût bizarre (qui lui est commun avec d'autres carnassiers) en lui offrant quelques gardons, quelques brêmes empoisonnés, et si « les hôtes innocents de nos bois » par cela même qu'ils sont de longue date connus des bêtes puantes, me semblent encore préférables, j'avoue que je ne donnerais pas grand'chose de l'avenir du renard qui rencontrera sur son chemin un habitant des eaux convenablement assaisonné de strychnine.

Cependant je ne suis pas très-partisan de l'emploi de ces amorces, qui ne me semblent pas posséder tous les mérites qu'on leur a prêtés.

Un garde sérieux, qui en avait fait usage, m'a déclaré qu'il prenait soin d'enlever les poissons qui commençaient à se putréfier. Je n'affirmerais pas qu'il eût raison en agissant ainsi; mais c'est là un des motifs qui l'avaient fait revenir aux oiseaux. Ailleurs on préfère servir aux bêtes puantes du poisson très... *faisandé*.

Il n'y a pas à redouter que les chiens enlèvent ces sortes d'amorces (et c'est le seul avantage que je leur reconnaisse). Il paraît qu'on n'en peut dire autant du sanglier qui, en effet, est omnivore à l'occasion; mais, bien que cet animal soit justement compté au nombre des ennemis de l'agriculture, je me reprocherais de demander à un chasseur de le traiter comme une ignoble bête puante et d'employer les mêmes moyens pour le détruire; il mérite que nous lui réservions une fin plus honorable.

Aussi me bornerai-je à poser cette simple question : Avez-vous des sangliers? Selon la réponse et le degré d'intérêt que vous portez à ces pachydermes, vous déciderez s'il vous convient de faire poser dans vos bois des poissons empoisonnés, ou si vous donnez la préférence à une autre amorce.

Ajoutons, en outre, que pour un sanglier détruit par une amorce empoisonnée, vous pourrez compter nombre de destructions de renards, ce qui établit une compensation plus que suffisante. — Le sanglier, d'ailleurs, ne dédaignera pas plus un merle qu'une ablette, et dans l'un et l'autre cas, il paiera de sa vie, sa gourmandise. C'est donc là une objection sans valeur, et quand on empoisonne ses bois, il ne faut pas se préoccuper du sanglier.

Puisque nous étudions les divers procédés employés pour empoisonner les animaux nuisibles, je vais, sans plus tarder, vous dire un bon moyen de préparer des œufs également destinés à ces bandits, bien que l'usage des œufs soit plus spécialement réservé pour les petits carnassiers. Mais, comme il n'est pas douteux qu'un renard ne fasse honneur à un œuf offert à une fouine, je n'hésite pas à parler dès à présent de cette autre amorce, qui donne aussi de bons résultats.

C'est encore la strychnine qui fait les frais de la préparation : l'affaire n'est ni longue ni difficile.

On perce tout bonnement un trou dans la coquille; par ce trou on introduit une brindille de bois ou une allumette qu'on fait jouer en tous sens de manière à bien mêler le *jaune* avec le *blanc;* par la même ouverture on verse la strychnine et l'on remue de nouveau, puis on bouche hermétiquement l'ouverture avec un peu de cire blanche; et voilà encore une amorce destinée à de véritables succès. Il suffit de proportionner la quantité de poison à la vigueur de l'animal qu'il s'agit de détruire, renard, fouine ou putois, de même qu'on emploie tel numéro du plomb selon le gibier que l'on a en vue.

Disons en passant qu'un blaireau enlèvera volontiers un œuf empoisonné, et qu'il en sera de même des buses, des corbeaux et des pies : il est donc bon d'en poser non-seulement au bois, mais en plaine.

Les dangers que présentent les appâts empoisonnés ne sont pas aussi redoutables que le pensent les détracteurs de ce mode de destruction.

Sans doute, il est bon de prévenir les voisins ; mais, comme il s'agit, en somme, de débarrasser le pays de bon nombre de méchantes bêtes, qui causent de véritables préjudices non-seulement au chasseur, mais à l'agriculteur lui-même ; comme la destruction d'un loup, d'un renard ou d'une fouine, est pour tous les deux d'un égal intérêt, le fermier ou le chasseur ainsi prévenus, qui commettraient la faute de laisser vaguer leurs chiens après un semblable avis, ne pourraient s'en prendre qu'à leur propre imprudence en cas d'accident, et, si ce n'est en droit, du moins en fait, ils ne semblent guère fondés à élever aucune revendication.

La destruction des bêtes nuisibles à l'aide d'amorces empoisonnées n'est pas, Dieu merci ! défendue par la loi ; or ce qui n'est pas défendu est permis : donc empoisonnons.

Voilà un syllogisme auquel il n'y a rien à reprendre.

Il va sans dire que toutes les amorces doivent être soigneusement enlevées le matin de chaque jour de chasse. Mais c'est de préférence entre la fermeture et l'ouverture que l'empoisonnement des bois doit se pratiquer. L'hiver, quand la neige couvre la terre depuis longtemps, et que les carnassiers sont affamés, malgré les inconvénients qui résultent des traces que laisse inévitablement le garde en allant poser les amorces, on obtient de bons résultats.

Au printemps, quand les renardeaux sont nés, si l'on a la chance d'empoisonner la mère, à moins que les petits ne soient déjà gaillards, on détruit toute la famille. C'est le moment le plus favorable.

Je profite de l'occasion pour dire que c'est une mauvaise pratique que de déposer une amorce devant la gueule d'un terrier. Le moindre inconvénient qui puisse résulter de cette manière d'opérer, c'est de perdre l'animal, qui, dès les premières douleurs, s'empressera de rentrer chez lui, où sa famille lui fermera les yeux.

Il vaut bien mieux chercher la voie habituelle du renard et poser à quelque distance.

Loups suivant une traînée.

Nous avons passé en revue les moyens employés le plus habituellement pour détruire les bêtes nuisibles à l'aide du poison ; avant d'examiner la façon dont il convient de placer ces amorces pour les petits carnassiers, nous allons examiner ce qui concerne spécialement le renard, sans revenir, bien entendu, sur les côtés de la question déjà traités à propos du loup.

Un bon garde doit savoir à peu près combien il a de renards dans ses bois et connaître leurs allures habituelles : s'il est chargé depuis longtemps de la surveillance de la propriété, il ne lui est pas permis d'ignorer l'existence d'un terrier, à moins que cette propriété ne soit trop étendue ou qu'il ne s'y trouve des massifs considérables d'ajoncs ou d'épines noires impénétrables. *Les coulées le conduiront au terrier*, de même que *la connaissance d'un terrier fréquenté lui facilitera la recherche et la découverte des coulées.*

Je connais plusieurs chasses dans lesquelles le lapin devrait foisonner, et qui n'en renferment qu'un très-petit nombre, justement à cause de la négligence des gardes.

Il n'y a pas bien longtemps quelques chasseurs de ma connaissance furetaient sans grand succès. Un lapin, sorti en tapinois d'un terrier masqué, disparut doucement sous un buisson à quelque dix

mètres, sans avoir été aperçu par d'autres que
le garde. Ce brave homme, imaginant que la
bête était restée dans le buisson, s'empresse d'y
conduire un ou deux de ces messieurs. De lapin,
pas plus que dans l'oreille d'un chat ; mais à
deux pas !... devinez !... un terrier de renards,
inconnu du garde et servant de refuge à toute
une famille, laquelle avait fort commodément
choisi sa demeure, comme vous voyez !

Un terrier de renards ignoré, au milieu d'une
garenne ! et de renards nourrissant leurs petits ! —
Est-ce joli !

Dans une propriété de moyenne étendue, mettons, si vous voulez, deux cents hectares, un des
premiers soins du garde doit être de battre,
pour ainsi dire pas à pas, chacune des enceintes
de manière à reconnaître et les coulées et les
terriers.

Admettons qu'il lui faille six mois (vous voyez
que je ne suis pas fort exigeant) pour bien connaître son terrain ; vous m'accorderez qu'il doive,
au bout de ce temps, être fixé sur la position de
chacun des terriers : veuillez remarquer d'ailleurs
qu'en accordant six mois pour une propriété de
deux cents hectares, je fais une trop large part
à toutes les négligences, puisque, si vous lui
donniez un tel délai, il n'aurait guère plus d'*un*

hectare à explorer chaque jour; de plus il faut, admettre qu'il soit absolument étranger aux connaissances qui doivent le guider dans ses recherches et les abréger.

Le garde passe ou doit passer tout son temps sur la propriété : il faut bien qu'il s'occupe à quelque chose, et l'une de ses plus importantes occupations consiste précisément dans la recherche des endroits où les bêtes puantes ont élu domicile.

Rappelez énergiquement à ses devoirs l'homme qui vous donnera sous ce rapport des preuves de paresse, et, si vous constatez que vos remontrances n'ont point d'effet, n'hésitez pas à prendre à son égard une mesure définitive, à moins que vous ne teniez à vous préparer une de ces agréables surprises dont je viens, tout à l'heure, de vous citer un exemple.

Le renard n'établit pas indifféremment son terrier au premier endroit venu. Il n'est pas très-fréquent d'en trouver en fond de forêt, à moins que ces forêts ne soient en même temps fort étendues et fort giboyeuses.

C'est bien plutôt à proximité d'une plaine que l'intelligent coquin choisira un endroit propice, d'où il puisse à la fois entendre chanter le coq de la ferme et profiter du lapin de la garenne.

C'est habituellement sur une côte boisée, exposée au soleil levant, qu'il établira de préférence son domicile, à moins que quelque cause particulière ne l'oblige à choisir un autre endroit.

On ne trouvera pour ainsi dire jamais le terrier sur un sol nu et horizonzal; l'animal cherchera toujours une certaine déclivité. Ce n'est point non plus sous le couvert d'un haut gaulis, au pied duquel ne pousse qu'une herbe maigre, que le garde doit diriger ses recherches; mais il s'appliquera à explorer les terrains couverts de bruyères, de ronces, de hautes herbes : c'est dans l'ombre de quelque basse cépée, ou sous les jets vigoureux d'une haute fougère, que sera dissimulée la bouche du repaire de son ennemi.

Quand le bois est semé de roches, le brigand choisira fort bien l'intervalle des anfractuosités pour y creuser son trou, profitant avec une habileté extrême des layons de terre meuble, qu'il déblaye de manière à pénétrer profondément à travers les couches de pierre.

Ces terriers-là sont terriblement désagréables.

Mais, si habile que soit l'animal, comme il n'a pas d'ailes, il laissera toujours aux environs de sa demeure des traces de ses allées et venues, et c'est ce qui me faisait dire plus haut qu'un œil

exercé ne manquera pas d'être conduit au terrier
par les coulées.

On piége le renard selon la saison, le terrain,
et aussi selon les circonstances : on tend sur une
traînée, ou dans une coulée ; on tend au terrier, partout en somme où l'on peut espérer le
succès.

Ai-je suffisamment expliqué ce qu'il convient
d'entendre par une coulée de renard ? Un piégeur ne s'y sera point trompé ; mais ajoutons
quelques mots d'explication.

Si la voie que suit le renard était toujours la
même, ses coulées seraient nettement indiquées
partout, et il n'y aurait pas de mécomptes à redouter ; mais l'animal ne se fraye point un passage
à travers le bois de la même manière qu'une
hase nourrice dans une pièce de seigle.

C'est par nécessité qu'il bat le bois ; il quête,
il chasse pour se nourrir, et le chemin qu'il fait
ainsi n'est, bien entendu, subordonné qu'au hasard. Mais tout en faisant cette quête, il laisse çà
et là des traces d'un passage habituel ; il en est
de même quand, la chasse finie, il réintègre son
domicile ; de même encore lorsqu'il sort de chez
lui, lorsqu'il marche d'assurance (si cette expression peut s'appliquer au prudent maraudeur), il
passe de préférence à certains endroits ; pour tra-

verser tel fourré, il suivra le plus habituellement
la même voie. Ce sont là ses coulées.

Quant à la plaine, la passée du renard,
comme je l'ai dit, y est fort apparente par un
beau revoir et il n'est presque jamais difficile
de la reconnaître.

Chacun a sa méthode pour poser le piége : l'un
veut que la *queue* soit placée transversalement,
ou plutôt perpendiculairement à la direction de
la coulée, de manière que, de quelque côté que
vienne l'animal engagé dans cette coulée, il ne
puisse rencontrer sous ses pas la queue du piége,
ou du moins un terrain fraîchement remué, ce
qui pourrait lui donner l'éveil et le faire rebrous-
ser chemin, malgré la tentation de l'appât.

Cette manière de procéder me semble avoir un
autre avantage : c'est que les mâchoires du piége,
au lieu de se présenter dans le sens de la longueur, se présentent par le travers, puisque l'axe
sur lequel elles pivotent se trouve comme la
queue, autrement dit comme le ressort, per-
pendiculaire à la direction de la coulée. Il en
résulte que l'animal a moins de chances d'échapper en se rejetant en arrière, et qu'il est pris
généralement *plus haut*, ce qui est un véritable
avantage.

D'autres piégeurs se bornent à tendre le piége

en mettant la queue dans l'axe de la coulée, du côté opposé à celui par lequel ils ont reconnu que venait habituellement l'animal.

Il y a là quelques inconvénients sur lesquels il est inutile de s'étendre, et qui ne peuvent se produire en employant la précaution de mettre le piége en travers de la coulée.

Quelquefois il arrive qu'un piége posé dans une coulée bien fréquentée reste plusieurs jours tendu, bien que le renard soit venu du même côté que la veille et soit sorti de l'enceinte : c'est qu'il a pris un embranchement quittant cette coulée en amont du piége. Dans ce cas, le garde ne doit pas détendre, car l'animal pourrait revenir demain à la voie qu'il a momentanément délaissée, mais il doit s'assurer de la nouvelle voie suivie par le renard : rien n'est plus facile. Qu'il pose dans cette autre coulée une petite branche soutenue au-dessus du niveau du sol par un moyen quelconque; si le renard passe, il renversera ce léger échafaudage, et son passage étant ainsi constaté, ce sera le bon moment pour mettre un autre piége à cet endroit.

Tant qu'un renard, dont les différentes voies sont reconnues, n'est point pris, tous les piéges doivent rester tendus.

J'ai dit qu'on tendait sur des traînées : on opère

en ce cas absolument comme dans les coulées.

On obtient aussi de bons résultats en tendant au terrier quand le renard s'y est réfugié.

Un jour du mois de septembre, dans les bois de M. de V....., un renard se dérobe devant nous, au milieu d'une bruyère, et, poussé vivement par deux chiens courants, s'en va tout droit se terrer à sept ou huit cents mètres du lancé.

C'était pourtant un vieux matois qui avait déjà déjoué mainte embûche; il fallait qu'il eût perdu momentanément tout souvenir de son savoir-faire habituel pour commettre une pareille sottise.

Un des gardes de M. de V..., qui avait un vieux compte à régler avec la méchante bête, s'était immédiatement détaché. Tout dans cette belle chasse se faisait sans qu'il y parût.

Arrivé au terrier, notre homme bouche provisoirement deux des trois gueules, met son mouchoir devant celle par où s'était précipité son ennemi (précaution superflue, bien certainement) et court chercher un piége qu'il pose séance tenante; après quoi, ayant bien solidement fermé les deux autres bouches, le brave Lucien vient nous rejoindre en se frottant les mains.

Quelques jours plus tard, la gracieuseté du comte de V... me ramenait de nouveau à S... et j'eus des nouvelles de notre renard.

La première nuit, l'animal n'avait pas donné signe de vie. Le surlendemain le piége était détendu, mais la bête n'avait point quitté sa retraite. Prévoyant quelque embûche, et pour se frayer une issue, elle avait fouillé le sol sur la droite du piége; pendant l'opération le ressort avait joué et le prisonnier s'était rejeté dans les profondeurs de son habitacle. Immédiatement un second piége lui avait été préparé, en arrière du premier, sur la droite. — Le troisième jour, une nouvelle tentative d'évasion ayant eu lieu sur la gauche, un troisième piége était placé de ce côté faisant pendant à son camarade de droite; enfin, par excès de précaution, un quatrième piége était venu prendre place en arrière, dans l'axe du premier. Je crois que ce pauvre Lucien, tant étaient violentes ses rancunes, serait allé jusqu'à la demi-batterie. Il fallait bien que l'assiégé capitulât ou mourût de faim.

Il fut pris le sixième jour.

Ce garde tendait fort bien, comme vous voyez.

Recommandez sa méthode au vôtre, qu'il l'applique aux dispositions du terrain, et ce sera, chez vous, comme chez M. de V..., un accident rare que de rencontrer une bête puante.

Quand un renard, par une bonne fortune heureusement très-rare, aura échappé au piége tendu devant son terrier, ou mieux encore un peu à l'intérieur de la bouche, il pourra se faire qu'il se prenne à la rentrée, mais il ne rentrera point par la même gueule : il faut donc que le garde mette autant de piéges que le terrier a de gueules. S'il a connaissance d'un terrier fréquenté, en balayant le devant de l'entrée ou en y répandant une légère couche de sable, le garde constatera facilement l'entrée et la sortie des renards, et il agira en conséquence.

Je suis donc d'avis, surtout quand il s'agit d'avoir raison de ces vieux brigands rompus à toutes les ruses du métier de renard, que le garde ait toujours un piége en permanence à l'entrée de chaque bouche de terrier. Le hasard, avec lequel il faut toujours compter en matière de destruction de bêtes puantes comme en matière de chasse, lui épargnera peut-être bien des peines en conduisant un beau matin son ennemi sur l'un de ces piéges.

Le garde le moins habile doit savoir enfumer un terrier. Tout le mérite consiste à bien connaître chacune des gueules et à les fermer hermétiquement, à choisir celle qui est le mieux sous le vent pour y allumer l'incendie, à diriger autant que possible la fumée vers l'intérieur. Tout cela est bien simple.

J'ai vu piéger et enfumer en même temps le

même terrier, et je suis obligé d'avouer que s'il y a
là surabondance de précautions, le résultat du
moins est aussi assuré que possible,

On procède en bouchant hermétiquement toutes
les gueules moins une seule, celle qui se trouve
sous le vent; mais on a préalablement posé un
piége à chaque entrée. Ceci fait, on allume devant
la gueule libre, et on fait pénétrer à l'intérieur la
mèche soufrée, les herbes sèches ou les branches
de sapin.

Cette méthode ne peut avoir un effet vraiment
utile que dans le cas où, le terrier étant très-
étendu, l'animal serait seulement incommodé,
mais non asphyxié : en fuyant devant l'invasion de
la fumée, il gagne une des gueules où il rencontre
le piége, de sorte que, s'il ne meurt pas faute d'air,
il n'en est pas moins pincé.

Après qu'elle a mis bas, la renarde reste au terrier pendant quelques jours pour allaiter ses petits;
mais un peu plus tard, elle se tient de préférence
sous bois. C'est l'occasion de la piéger à la rentrée.

Dès que la mère est prise, les petits peuvent être
considérés comme pris eux-mêmes. C'est une affaire de *jours*, on pourrait presque dire d'*heures*.
Chaque matin sera marqué par une capture nouvelle ; quelquefois dans une seule nuit en mettant

plusieurs piéges, ou dans la journée en replaçant le même sans désemparer, le garde prendra deux ou trois renardeaux. On peut tendre dans ce cas à un endroit quelconque, devant le terrier; la moindre amorce attirera l'innocente victime qu'on trouvera le lendemain tristement couchée, la patte brisée et semblant implorer du secours : le pauvret n'aura même pas eu la force d'entraîner le piége.

C'est une gentille bête qu'un renardeau, et j'avoue n'en avoir j'amais vu ainsi capturés et mutilés sans me sentir pris de quelque pitié pour leur misère.

On défonce aussi les terriers; mais c'est là tout une affaire sur laquelle, d'ailleurs, il n'y a point de conseils à donner, la manière d'opérer, de même que le succès, étant subordonnée à des causes locales, c'est-à-dire à l'étendue, à la profondeur de ces retraites souterraines et surtout à la nature du sol où elles sont creusées.

Disons seulement qu'il n'y a pas à redouter, pendant le temps qu'on met à défoncer et à fouiller son terrier, que le renard s'avise de pratiquer une *cheminée* comme son compère le blaireau, ce mineur par excellence.

Je considère ce mode de destruction, que cependant j'ai vu pratiquer avec succès, comme un *sport* d'un genre particulier, qu'il est bon d'employer quand on ne peut faire autrement, ou quand il s'agit du blaireau, qui met tant de mauvaise grâce à se laisser piéger; mais, dirigé contre le renard, j'avoue que l'emploi d'un semblable moyen me semble un peu fantaisiste.

Qu'on défonce un terrier au printemps pour s'emparer de toute une famille, je le conçois et je l'approuve, bien qu'il y ait, comme je l'ai expliqué, des moyens plus simples et moins pénibles d'en finir avec ces bandits; mais qu'on se livre à des travaux souvent énormes pour arriver à prendre un renard qu'on peut détruire sans tant de peines, voilà qui ne peut être autre chose qu'une affaire de préférence, qu'un goût particulier.

Il en est de même de l'attaque d'un renard à l'aide de chiens terriers. Sans doute, dans cette lutte souterraine, où de vaillantes petites bêtes luttent contre un ennemi supérieur et par sa force et parce qu'il est chez lui, sans doute il y a de vives émotions, que j'apprécie fort. Mais, là encore, je trouve qu'on donne plus au plaisir qu'à l'utilité réelle, et ce moyen, comme celui qui précède, me paraît devoir être mis en réserve pour le blaireau, si le but qu'on se propose est uniquement de se débarrasser de concurents dangereux.

D'ailleurs je ne veux pas oublier que je ne dois traiter la question qu'au point de vue du résultat à atteindre, et qu'il me faut laisser de côté tout ce qui rentre trop évidemment dans le domaine de l'art pur.

Il y a, du reste, à défoncer un terrier pour prendre un seul renard, un inconvénient que je ne saurais passer sous silence. La plupart du temps *un terrier fouillé est un terrier abandonné*; or, si le maraudeur qui a payé de sa vie vos travaux d'ingénieur a des parents dans le voisinage (ce qui est fort probable, malheureusement), sa famille ira chercher ailleurs un autre domicile..... et je suis d'avis qu'il est toujours avantageux de connaître la retraite de son ennemi.

Remarquez bien que je ne condamne pas absolument cette pratique : j'ai souvent vu déterrer des renards, et je comprends fort bien qu'on entreprenne cette opération dans quelques circonstances exceptionnelles, lorsque le terrier, par exemple, est creusé dans un sol favorable et n'a pas trop de ramifications; mais qu'on s'attaque aux grands terriers quand on peut faire autrement, voilà qui me semble entraîner des travaux et quelquefois des inconvénients hors de proportion avec le but à atteindre; voilà ce que je ne conseillerais jamais d'entreprendre à une société de chasseurs, si elle n'a en vue que la destruction d'un maraudeur nuisible à ses plaisirs.

Quand les renards ont établi leur refuge dans des roches, dans des carrières, il n'y a d'autres moyens de les détruire que le piége et le poison; je sous-entends naturellement le fusil.

Disons donc, pour en finir avec le renard, un mot de la chasse au terrier : je l'ai souvent vue pratiquer quand j'étais tout jeune encore, et si je n'y ai pas réussi, ce n'était certes point la faute des renards, mais la mienne. On sait que l'une des finesses de la bête réputée si adroite , quand elle est chassée vivement par quelques chiens courants, est de chercher à fausser compagnie à la meute en gagnant sa demeure. Si, faute de mieux, vous voulez vous donner le plaisir de chasser un renard, mettez devant l'entrée de chaque terrier un petit papier blanc fixé au bout d'un bâton; ajoutez-y un tireur, et le renard, les chiens lui soufflassent-iis au poil, n'osera jamais franchir ce formidable obstacle. Bien plus, l'imbécile, manqué une ou deux fois , reviendra de nouveau essuyer votre feu... J'avais douze ou treize ans, et j'en sais quelque chose !

Ne devons-nous pas convenir, maintenant, qu'un garde possédant toutes les connaissances pratiques que je viens d'énumérer est formidablement armé contre les renards, et que s'il veut donner à la destruction de ces dangereux carnassiers tous les soins qu'elle exige, il finira sinon par les détruire entièrement, du moins par en réduire le nombre à des proportions qui ne seront plus très-inquiétantes ?

Dans les chasses gardées, la multiplication des bêtes nuisibles et la diminution du gibier, qui en est la conséquence, doivent être bien plutôt mises au compte du garde qu'à celui des braconniers.

Je ne m'étendrai pas longuement sur le blaireau, qui, Dieu merci ! commence à devenir rare ; mais comme cet animal est, en somme, un ennemi du gibier, il mérite que nous nous occupions un instant des moyens à employer pour le détruire.

Si le blaireau avait l'agilité du renard, il faudrait compter sérieusement avec lui, car il est gros mangeur ; mais il est en même temps lourd et paresseux. C'est un dormeur qui passe la plus grande partie de sa vie au fond de son terrier, — une véritable œuvre d'art.

Il ne sort que la nuit, assez tard, et le plus souvent il est rentré chez lui bien avant le lever du soleil.

Dans ces voyages, il suit habituellement le même chemin, s'il n'est point dérangé, et ses traces ne ressemblent à celles d'aucun autre animal.

C'est donc sur la voie qu'il faut tendre.

Mais, je le répète, le blaireau est un fin matois

qui donne au piége bien moins facilement que le renard.

Il me semble bien préférable de l'affûter *ou de l'empoisonner.*

Le blaireau est essentiellement omnivore : il est très-friand d'insectes, au point que bien des gens prétendent que les insectes constituent sa principale nourriture. Je le veux bien. En ce cas, il doit en faire une terrible consommation. Et puis l'hiver?... Heureusement pour lui qu'il mange aussi des racines, tout en *vermillant*, et qu'il ne dédaigne pas les fruits tombés, quand il en rencontre. Il est du moins certain qu'il fouille la fiente des bestiaux dans les pâtures pour y chercher des scarabées. C'est même là une *connaissance* particulière, et qui ne trompe point. S'il rencontre une taupe en exploration, s'il peut saisir un mulot, il profitera avec empressement de cette bonne aubaine. Il déterre aussi sans scrupules les lapereaux dans leurs rabouillères, et quand il trouve un nid de perdrix ou de faisans, il se paye le luxe d'une omelette.

C'est en somme une bête à ne pas épargner.

Dans nos provinces de l'Ouest, où j'ai vu surtout cet animal, il a des allures régulières. Il en est sans doute de même partout.

Il suit l'abri des haies, les chemins creux, pour aller faire sa nuit ; et s'il traverse un herbage, au printemps, sa voie y sera bien nettement marquée dans les herbes. Il ne s'écarte guère, à son retour, du chemin qu'il a suivi en s'éloignant de sa demeure, et c'est là son plus grand tort. Que voulez-vous? on n'est pas parfait.

Les coulées du blaireau sont donc presque toujours bien nettement indiquées, et c'est à proximité d'une de ces coulées que le garde doit se poster à l'affût, mais plutôt de bon matin que le soir, attendu que rien n'est moins assuré que l'heure de la sortie du blaireau. En se plaçant bien soigneusement *sous le vent de la voie de rentrée,* il aura quelques chances de le tirer... s'il est rendu à son poste une grande heure, *au moins,* avant le lever du soleil.

Qu'il ne craigne pas d'employer du plomb très-fort; le blaireau porte un coup de fusil aussi bien que le loup. Quand il n'est que blessé, il se défend avec une extrême vigueur, et sa morsure est dangereuse. Je connais un paysan dont la main a été mutilée par un blaireau, dans un déterré.

Ce n'est jamais une petite besogne que de fouiller un terrier : il faut ouvrir de véritables tranchées ayant quelquefois plusieurs mètres de profondeur. Cela demande du temps et des ouvriers actifs, car l'animal travaille énergique ment de son côté. L'aide de chiens terriers ou de petits bassets est aussi à peu près indispensable pour connaître la direction vers laquelle s'est réfugié le mineur, qui creuse sans cesse, rejetant la terre derrière lui, et taillant ainsi de nouvelle besogne à ses ennemis. Or voici ce qui arrive fréquemment : vous croyez toucher au but de vos efforts, déjà vous songez à préparer le sac.... Patatras ! tout est à recommencer ; vous avez fait fausse route, l'animal a gagné une galerie s'éloignant dans une direction opposée !

Tout cela n'est pas fort engageant pour une société de chasseurs qui ne voit dans le blaireau qu'un ennemi, et qui n'a d'autre souci que de s'en débarrasser. Si vous vous proposez, au contraire, de lui faire la chasse d'une façon originale, je n'ai pas à élever la moindre objection.

On peut aussi placer le piége au terrier, mais il ne faut pas trop compter sur la réussite. Les *nuits* du blaireau sont très-courtes, et quand le garde viendra poser son piége, il arrivera le plus souvent que l'animal sera rentré chez lui, car ce n'est pas au milieu de la nuit que le piége peut être mis en place avec tout le soin nécessaire; or je ne sais s'il prend connaissance de l'opération pendant l'opération même, ou si l'embûche lui est dénoncée par la finesse de son odorat encore, ou si c'est de sa part

un excès de prudence, mais il faut constater qu'il
n'est pas commun de piéger un blaireau devant son
terrier. Dès qu'il soupçonne le danger, il rebrousse
chemin, et sa seule préoccupation est de sortir d'un
autre côté. C'est là qu'éclatent ses talents de mineur. J'ai vu une « cheminée » de plus d'un mètre, ainsi ouverte par une blairette à la porte de la
quelle avaient été placés six piéges. Il paraît que
ce n'est pas là un tour de force extraordinaire.

Je crois donc qu'il vaut mieux tendre dans les
coulées, ou affûter le blaireau.

Il ne faut pas craindre non plus de lui offrir
quelque amorces empoisonnées. Le blaireau étant
omnivore, il y a d'autant moins à se creuser la
tête pour lui servir un mets de son goût. Mais
il faut éviter soigneusement que les amorces conservent le sentiment laissé par le contact de la
main.

J'ai entendu dire quelquefois que le blaireau
n'avait point de NEZ.

Je suis loin de partager cette opinion, et je pourrais citer plusieurs faits qui la combattent ; mais
je suis persuadé que la plupart des chasseurs
qui ont fait connaissance avec cet animal, ailleurs que dans les livres, seront de mon avis. C'est
chez moi une conviction absolue : le blaireau a l'o-
dorat excellent; et, je suis convaincu qu'une amorce

qui sent... le garde, ne dit rien qui vaille à la prudente bête.

Cependant « des goûts et des odeurs il ne faut point disputer. »

Je rentrais, un soir de chasse, dans la cabane d'un paysan possesseur d'un pauvre vieux chien courant, d'une race inconnue, mais aussi... savant que son maître, ce qui n'est pas peu dire. Ce brave chien, qui se nommait Cabot, nous avait donné, le jour même, une double preuve de sa merveilleuse sagacité : à moi, chasseur novice, mais dûment autorisé, dans la personne d'un lièvre-sorcier dont, grâce à lui, nous avions eu raison; à son maître, moins en règle vis-à-vis de la loi, en lui dénonçant par une savante manœuvre la présence de Pandore et de son brigadier, qui guettaient depuis longtemps le pauvre homme, et qui cette fois encore, hélas! en furent pour leur faction.

L'alerte passée, mon paysan me disait tranquillement.

— Oh! M'sieu, avec Cabot, y a pas d' danger; c'est un malin. Il chasse el' gindarme.

J'étais bien jeune à cette époque, je ne voyais qu'une chose : la *chasse!* et c'était en grand secret que j'avais fait la connaissance du maître de Cabot. Mais si ce brave chien possédait au suprême degré ces qualités multiples, qu'on ne rencontre que chez les chiens instruits par de tels maîtres, Cabot avait ses défauts, à ce qu'il paraît. Ce soir-là, par exemple, il sentait affreusement le chien mouillé.

Craignant pour la délicatesse de mes nerfs olfactifs, la femme de mon braconnier ne voulait pas permettre que Cabot prît sa place habituelle au coin de la grande cheminée. Il pleuvait à torrents ; le vent soufflait en tempête ; il faisait un froid de loup..... je demandai grâce pour Cabot, qui n'avait point de niche. Un double regard de reconnaissance fut la récompense de mon héroïsme !

Et comme la femme insistait :

— Tais-toi, Norine. Tu voé ben ! Eg' tu peux savoir ? Les chiens, ça sent milleu qu' les femmes !

Je restai anéanti.

Quant'à « Norine », elle ne répliqua pas.

Eh bien, je suis persuadé que les blaireaux ont, à l'endroit de l'homme, la même opinion que mon braconnier avait avait de la vieille « Norine. »

J'ai connu un chasseur breton, fanatique de la chasse au blaireau à l'aide de chiens terriers ; et je me souviens qu'il n'avait pas assez de regrets pour cette sorte de régularité qui signale les allures du blaireau, et dont les braconniers profitent pour le détruire.

Il est en effet certain, je le répète encore, que, pour se rendre au même endroit, cet animal suit presque toujours le même chemin ; mais il ne fait pas toutes ses nuits au même lieu, ce qui cause bien des mécomptes ; et, d'ailleurs, si les braconniers ne commettaient point d'autres méfaits, il serait peu raisonnable de les maudire.

Nous en avons bientôt fini avec les bêtes puantes.

Il ne nous reste à parler que des petits carnassiers, fouine, putois et belette, auxquels le garde doit aussi faire une guerre acharnée.

De ces trois méchantes bêtes, la belette est peut-être la plus dangereuse.

La fouine et le putois s'établissent aux champs dès les premiers beaux jours et, quand est venu l'hiver, tous deux vont chercher un refuge dans les fermes ; la belette se tient de préférence dans les campagnes. Tandis que, pendant les froids, la fouine établira son domicile au milieu des bottes de foin entassées dans les granges, la belette se contentera souvent d'un simple tas de pierres sous lequel elle se meublera chaudement une chambre à coucher, en y transportant des feuilles mortes, des herbes sèches et de la mousse. Mais ceci n'est pas une règle absolue, car j'ai vu des belettes qui avaient choisi le dessous des pièces de charpente d'un grenier à fourrage pour y passer la mauvaise saison.

Toute cette engeance choisit à peu près les mêmes endroits pour y déposer sa progéniture. C'est habituellement dans le tronc pourri d'un vieux chêne, ou d'un saule dont le cœur tombe en poussière, que que les bêtes puantes vont mettre bas. Dans les pays coupés de fortes haies surmontées de talus où poussent ces vilains chênes qu'on émonde tous les ans, et qu'on nomme des « tétards » en Normandie, il y a toutes probabilités pour que les petits carnassiers y établissent leur demeure pendant l'été, et quelquefois aussi, quand l'habitation leur plaît, et qu'elle n'est pas trop éloignée de la ferme ou du hameau, ils y restent l'hiver. C'est habituellement là que les femelles feront leurs petits.

Quelquefois elles donneront la préférence à une crevasse profonde de quelque mur à moitié éboulé.

C'est au printemps qu'elles causent le plus de dommage au gibier, au printemps et à l'époque des couvées et de l'éclosion, et leurs déprédations s'accroissent naturellement avec l'augmentation du nombre d'individus qui composent la famille.

Fouine, belette et putois font une guerre acharnée aux mulots, aux petits oiseaux, n'épargnant, bien entendu, ni les couvées de perdrix ou de cailles, voire de faisans, ni les jeunes levrauts, ni rien de ce qu'elles sont capables de détruire.

Uu jour, — je chassais tristement sans chien, je blesse un perdreau qui va tomber au milieu d'un chaume, à deux cents mètres, et, s'il ne pouvait plus voler, il courait, ma foi ! fort bien. Je suivais de l'œil le pauvre diable tout en remettant une cartouche ; je me disposais à me mettre à sa poursuite, quand tout à coup il s'arrête, sautant sur place et se roulant. J'attribuais naturellement à mon coup de fusil le mérite de ce dénouement inattendu. Ce ne fut qu'arrivé à une vingtaine de pas, que j'eus connaissance de ce qui se passait : une belette s'était trouvée sur le chemin du fuyard, et lui avait tout bonnement sauté au collet.

Tous les chasseurs savent qu'une belette vient parfaitement à bout du plus vigoureux bouquin, si elle parvient à lui mettre le grapin sur le dos. Des ongles et des dents elle s'attache à sa victime et se laisse emporter : le lièvre est perdu. Il en est de même du lapin tranquillement gîté dans une bruyère.

J'ai vu nombre de fois des belettes sous bois pendant l'hiver, et j'en ai tué, même au rabat ; donc il est inexact de dire qu'à cette époque elles vivent comme la fouine et le putois dans les fermes du voisinage. — Il en reste toujours au bois et dans les haies.

Le putois est un dangereux ennemi des garennes. Il poursuit les lapins jusqu'au fond de leur terrier, et en détruit un grand nombre.

Toutes les bêtes puantes doivent être tirées; c'est un coup de fusil qui en vaut un autre, et elles comptent comme une pièce.

Quand vient la mauvaise saison, les fouines et les putois se rapprochent des fermes où elles établissent leurs quartiers d'hiver. Mais il ne faut pas en conclure que les bêtes puantes ne commettent pas de dégâts dans nos habitations pendant l'été.

Il y a quelques années, à la fin du mois de mai, une de mes poules faisanes a été saignée pendant la nuit par une fouine. L'année dernière, vers la fin de septembre, j'avais réuni dans le même parquet quatre superbes perdreaux d'élève, tout maillés; trois furent tués dans la même nuit; les méchantes bêtes en avaient enlevé deux, me laissant le troisième comme fiche de consolation.

Il faut donc avoir l'œil toujours ouvert, et ne pas chercher les bêtes puantes seulement dans les endroits où elles devraient se trouver selon la saison.

Dès qu'on reconnaît un passage, il faut y mettre un piége. Mais la fouine et le putois ne marchent pas seulement à terre, ils grimpent sur les arbres, le long des murs, et suivent les pièces de charpente des granges et des greniers à fourrage. Il n'y a nul danger et toutes sortes d'avantages à leur servir quelques douzaines d'œufs empoisonnés qu'on place de préférence dans les endroits où les animaux domestiques ne peuvent atteindre.

On doit opérer de même quand la coulée d'une belette ou d'un putois est relevée dans une haie ou au bois. Mais on comprend que ce n'est pas chose aisée que de reconnaître la voie d'un aussi petit animal; aussi n'est-ce guère qu'auprès de l'endroit où elles ont l'habitude de se retirer qu'elles laissent quelques traces de leur passage, surtout à l'époque où elles nourrissent leurs petits.

C'est donc le plus souvent leurs déprédations qui signalent leur présence, et il n'est pas de moyens devant lesquels le garde doive reculer pour se débarrasser de ces bêtes nuisibles.

Un autre indication qu'il ne faut pas négliger, ce sont les « *laissées* ». Tout le monde sait que celles de la fouine ont une fausse odeur de musc assez prononcée. Malheureusement elle ne les dépose pas toujours au même endroit, comme la loutre.

Toutes ces connaissances, et les autres qu'il peut se procurer, doivent être précieusement recueillies par le garde. Il ne doit jamais refuser de prêter son concours à un voisin qui lui signale la présence d'une fouine dans sa grange, attendu que cette fouine viendra peut-être chez vous demain, et que s'il la laisse vivre, l'année prochaine vous aurez à lutter contre un ou deux couples de petits brigands, avec lesquels vos perdreaux auront à compter.

La moindre indication doit être mise à profit. Je connais un garde qui prétend distinguer facilement les traces légères que laissent les ongles d'une fouine en grimpant le long d'un madrier; je crois qu'il y a là un peu d'exagération.

C'est habituellement à l'aide de traînées qu'on essaye d'amener au piége la fouine, le putois et la belette. L'appât que j'ai indiqué pour le loup produit, il paraît, de bons effets; seulement, comme les petits carnassiers se nourrissent généralement de proies vivantes, il est inutile d'y ajouter les viscères d'un bête morte, et l'habile piégeur auquel j'ai vu employer ce procédé remplaçait les graines de genévrier et le genêt par une certaine quantité de farine de fenugrec; puis ils amorçait avec un croûton frit dans cette composition.

Quelques gardes emploient un cruel moyen d'amorcer le piége : ils placent dessus un malheureux moineau vivant dont les ailes et les pattes sont ficelées solidement, de manière qu'il ne puisse faire aucun mouvement. Un œuf produisant le même effet, c'est là une cruauté au moins inutile.

Bien que la martre soit rare en France, elle se trouve encore dans quelques départements : dans la Manche, par exemple, on la rencontre encore trop fréquemment.

Cet animal ne se réfugie jamais, comme la fouine, dans les habitations; il ne s'en approche qu'à la façon du renard, pour y enlever une proie, et filer au plus vite; encore est-il que la chose est fort rare, et je suis persuadé, pour ma part, qu'il faut mettre au compte de la fouine ou du putois le plus grand nombre des méfaits attribués aux martres, dans les fermes isolées.

La martre se tient toujours aux champs ou dans les bois, dormant le jour dans un creux d'arbre, et chassant la nuit. Elle cause au menu gibier un véritable dommage.

On détruit la martre de la même façon que la fouine et le putois.

Je n'ai rien dit encore des sentiers d'assommoir. C'est surtout contre les petits carnassiers qu'est pratiqué ce mode de destruction. Mais qui donc ici-bas peut se dire à l'abri des coups du hasard? J'ai vu un pauvre lapereau, plumé d'un coup de fusil, aller se faire — *assommer* — clopin clopant.

Toute chasse de bois bien tenue doit avoir des sentiers d'assommoir. Là où il n'y en a pas, on doit s'empresser d'en faire établir, et, quand il en existe, ne point négliger d'en tirer parti. Mais telle est, trop souvent, la négligence des gardes et l'indifférence des chasseurs, que je connais plusieurs chasses pourvues de sentiers d'assommoir tout à fait... abandonnés !

Les sentiers d'assommoir sont de petits fossés, d'un pied environ de largeur dans le fond, qui sillonnent le bois en coupant les enceintes dans diverses directions. Il est inutile de les multiplier outre mesure.

Les bêtes puantes suivent habituellement ces sentiers dans lesquels le garde tend un « assommoir. » Rien n'est plus simple que de placer ce piége, qui est une réminiscence des planchettes ou des portes sous lesquelles les gamins de la campagne prennent les moineaux, en temps de neige.

Une forte planche, sur laquelle est solidement attachée une grosse pierre, en fait les frais ; le tout est maintenu en position au moyen d'un bâtonnet reposant par la pointe soit sur un quatre de croix, soit sur trois légers piquets pointus et réunis au sommet, dont le moindre frôlement suffit à renverser l'équilibre. Chaque garde, d'ailleurs, a un moyen particulier d'échafauder ses assommoirs. Tous sont bons, pourvu que le but soit atteint, c'est-à-dire pourvu que la planche, en tombant, vienne bien exactement s'appliquer sur le sol. Il y a des assommoirs plus compliqués, mais je ne crois pas qu'ils atteignent de meilleurs résultats.

L'entretien des sentiers d'assommoir ne demande pas grand mal, car il est tout à fait superflu ; il serait plutôt nuisible qu'ils fussent ratissés comme les allées d'un parc. Mais ce sont les abords du piége et son fonctionnement rapide qui doivent surtout appeler l'attention du garde. Aucune brindille de bois, aucune racine ne doit entraver la chute de l'assommoir ; tout doit tomber d'un bloc.

Pour répondre à diverses demandes qui m'ont été souvent adressées, je dirai qu'il existe dans le commerce six modèles de piége à palette. Ils sont désignés sous les noms de *piége à rat*, pour le plus petit, et successivement, par ordre de grandeur, de *piége à lapin, à lièvre, à fouine, à renard, à loup*.

Leurs dimensions varient de 0^{m} 12 c. à 0^{m} 30 c. d'ouverture des mâchoires, et leur prix de 1 fr. 50 c. à 14 francs.

Il me revient à la mémoire un autre procédé, employé très-efficacement dans quelques provinces de l'Est, pour détruire les renards à l'aide de la strychnine, et je n'hésite pas à revenir en arrière pour en faire mention, car le stratagème m'a semblé fort bien imaginé.

Voici comment opère l'habile chasseur qui m'a signalé ce mode de destruction, en faveur duquel je fais une exception à la règle que je me suis posée de ne rien dire que ce que j'ai fait ou vu moi-même. Il fait enterrer le cadavre d'un cheval, d'une vache ou d'un mouton, à quelque distance du bois; et c'est autour de cette « *proie* » qu'il dépose ses amorces empoisonnées, dès qu'il a pu constater que les renards étaient venus attaquer cet appât, ce qui, généralement, ne se fait pas attendre bien longtemps.

M. B..... emploie habituellement les souris, parce que les chiens n'y touchent point. C'est pour la même raison qu'ailleurs on donne la préférence aux pies. Cela est fort bien sans doute et la précaution est bonne; mais je persiste à penser que *pour une Société de chasse* qui fait empoisonner ses bois, le meilleur moyen d'éviter tout accident, quelle que soit l'amorce dont elle fasse usage, c'est de prévenir scrupuleusement les voisins, et pour ceux-ci, de tenir pendant quelques jours leurs chiens renfermés.

A côté des bêtes puantes, le petit gibier a un autre ennemi peut-être aussi dangereux. Cet ennemi, c'est le chat.

Je voudrais avoir l'éloquence du grand Buffon pour faire entrer dans le cœur de tous mes confrères la haine dont je me sens animé contre ce féroce et redoutable braconnier.

Tout ce qui a vie, et qui est faible en même temps, est en butte à ses poursuites et à ses cruautés. Ce n'est point par nécessité, la plupart du temps, ce n'est point pour se nourrir qu'il détruit les innocents martyrs auxquels il inflige des tortures sans nom, c'est par tempérament ; et même lorsque la faim le presse, il se délecte froidement aux convulsions de sa victime, à laquelle il ne laisse un moment de répit que pour jouir plus longtemps du plaisir de la voir râler dix fois son agonie.

Pour moi, tout chat que je rencontre hors de chez lui est une bête à tuer, et je le ferais toujours si je le pouvais. Tous les chats sont des chats sauvages : voilà un axiome éclatant de vérité. Voyez ce qui se passe à la campagne. Aujourd'hui, un chat à ses débuts détruit cette charmante nichée de fauvettes dont le berceau était placé familièrement dans la haie qui clôt le jardin de la ferme, mais ce sont ses premières armes ; il ne s'en tiendra pas là ! Demain il se glissera jusqu'à ce champ de sainfoin qui s'étale à quelque cent mètres, comme un beau tapis rose déployé. Dans ce champ se trouve une couvée de cailleteaux sur laquelle vous comptiez pour affermir dans son arrêt votre jeune chien; il les écharpera jusqu'au dernier. Puis, prenant goût au métier de brigand pour lequel il est né, il s'écartera davantage et tout le menu gibier qui lui tombera sous la griffe sera impitoyablement massacré. Et remarquez bien que ce braconnier-là ne travaille pas que la nuit, comme la plupart de ses confrères; il opère au grand soleil comme dans l'ombre, et ni les perdreaux ni les levrauts que leur malheureuse destinée mettra dans son chemin, n'échapperont à sa féroce habileté. Il prend les couveuses sur leur nid, les emporte à quelques pas, profite de l'occasion pour s'offrir le spectacle d'un supplice de première classe, et quand la pauvre bête est morte, à moins qu'il ne soit à jeun, c'est à peine s'il en mangera quelque morceau. Il détruit pour détruire. A tuer sans pitié, tant qu'on le peut, toujours!

Quand les perdreaux sont en traîne, si la mère se jette au secours du pauvre petit qui vient d'être saisi, et dont les piaulements désolés l'appellent, un coup de patte en fera peut-être une nouvelle victime de l'amour maternel.

Il s'en est fallu de bien peu que je ne fusse témoin d'une catastrophe de ce genre.

Un jour, par une belle après-midi de juillet, je venais de lâcher à une perdrix un certain nombre d'élèves destinés à grossir sa jolie famille. C'est là un spectacle charmant que je ne manque jamais de m'offrir chaque fois que l'occasion se présente. Encore effrayée de ma présence, et fort affairée par le soin de rallier tout son petit peuple, la mère rappelait, allant de ci, de là, sur le bord d'un seigle où s'étaient réfugiés les petits. Tout à coup un cri de détresse se fait entendre : un chat venait de saisir un des pauvres perdreaux qui, dans sa fuite, s'était trop éloigné. Comme une vaillante qu'elle était, la perdrix se précipite les plumes hérissées, en poussant ce terrible ko, ko, ko!... qui peut mettre en fuite un mulot, mais dont les chats, hélas! ne se soucient guère. Un coup de patte le lui fit bien voir. Elle en fut quitte heureusement pour quelques plumes enlevées, et l'odieux matou disparut emportant sa victime, dont les petits cris de détresse s'affaiblirent peu à peu, puis cessèrent.

Mais ce fut sans doute sa dernière prouesse, car une heure après il était mort. Qui peut répondre des ravages qu'eût commis le brigand, dans cette compagnie qui se trouvait à sa porte?

Un autre jour, au mois de mai, en traversant une pièce d'avoine, j'avais failli mettre le pied sur un gîte contenant trois levrauts, âgés d'environ quarante-huit heures. Le lendemain je venais rendre visite à cette intéressante famille, afin de m'assurer que mon approche n'avait point motivé ce déménagement désagréable dont les hases dérangées sont coutumières. Hélas! le mal était bien pis! Dans le gîte, un pauvre levraut mourant, l'œil arraché; à deux pas un autre complétement mort, et le troisième... dans la gueule d'un chat, qui tout à coup me partit à quinze pas!

Le brigand emporta sa victime chez son maître, à la ferme voisine; mais il en sortit le soir, pour son malheur, car ce fut sa dernière sortie.

Le chat est un mal nécessaire sans doute, puisqu'il existe des souris. Mais s'il bornait ses exploits à leur faire la guerre, s'il restait à la grange, à l'écurie ou au grenier, aucun chasseur n'irait l'y chercher. Donc, chaque fois qu'il met la patte hors de son domaine, chaque fois qu'il s'éloigne de quelques centaines de mètres, il ne doit jamais être épargné. Le voilà qui bondit! Vivement, un coup d'œil autour de vous; personne n'est là? Pan!... pan!... Et n'hésitez pas à lui en donner trois et même quatre, si sa maudite vie lui tient trop ferme au ventre.

— Les chats, des bêtes utiles? me disait un vieux garde. Utiles! Oui... à faire des traînées, ou à servir d'appât pour mes renards!

Ce garde avait raison.

Je veux que le garde qui connaît les habitudes de maraude d'un chat mette à le détruire le même soin que s'il s'agissait d'une fouine ou d'un putois, et j'attache au succès de ses efforts plus de prix que s'il me débarrassait d'un blaireau.

J'ai tué dans ma vie bien des chats, et (j'en demande pardon à leurs mânes!) je me sens la conscience bien légère, et je suis tout prêt à recommencer.

Je demande à tous les chasseurs d'en faire autant.

Il ne faut pas oublier qu'un chat se prend fort bien au piége. Quelques piégeurs emploient pour cet animal un stratagème habituellement réservé au blaireau; mais c'est là, je crois, une précaution superflue.

En indiquant comment on procède pour le blaireau, chacun sera à même de juger s'il est à propos d'agir avec autant de précaution quand il s'agit tout bonnement du chat.

J'ai dit que le blaireau, pour se rendre à l'endroit où il fait sa nuit, ne s'écarte guère de la même coulée; avec les précautions d'usage on y pose un piége qu'on recouvre d'un fagot léger; le blaireau rencontre ce fagot, il s'arrête, le flaire et passe à côté. A son retour il suit le même chemin, et il fait de même la nuit suivante. Au bout de deux ou trois jours, on enlève le fagot qu'on place en travers de la nouvelle voie; le piége se trouve ainsi dans la première coulée, à laquelle le blaireau ne manque pas de revenir, et dès qu'il met la patte sur la palette... son affaire est réglée.

Est-il vraiment indispensable de prendre tant de peine pour un simple chat?

Le hérisson, lui aussi, cause au gibier quelques dommages; je suis certain qu'il mange les œufs de perdreaux qu'il rencontre, et si je ne réponds pas qu'il détruise également les portées de levrauts, je connais beaucoup de chasseurs et de gardes qui affirment l'exactitude de ce fait.

Il est donc bon de ne pas épargner cet animal lorsqu'on le rencontre. Quant à la prime qu'il convient d'allouer au garde pour sa destruction, comme, en fin de compte, à mon avis, il ne fait guère que des dégâts insignifiants, je laisse à chacun le soin d'en fixer l'importance.

Pour en finir avec les ennemis du gibier, il nous reste à nous occuper des oiseaux de proie.

Je n'entrerai pas dans le domaine imposant de l'histoire naturelle; je ne me propose pas non plus d'étudier dans leurs détails les mœurs des rapaces diurnes et nocturnes.

Nous allons tout bonnement passer rapidement

en revue quelques moyens employés pour détruire les oiseaux qui font la guerre au gibier.

Aussi bien, faucons, milans, buses, émouchets, etc., pies et corbeaux, cela est tout un pour le chasseur : autant d'ennemis à détruire.

Mais la chose, malheureusement, n'est pas toujours aisée. Tous ces bandits de l'air se défendent fort bien, et il n'en est guère qui ne possèdent à un haut degré cette prudence excessive qui fait le désespoir des bons gardes, et cette habileté des braconniers émérites qui cause la perte d'une immense quantité de gibier.

On emploie, avec plus ou moins de succès, divers moyens de détruire ces pillards.

Pour les oiseaux de proie, le meilleur est peut-être l'affût, pratiqué surtout à l'époque où ils font leurs nids.

Toutefois, quelque pénible que puisse vous paraître d'accorder à ces brigands quelques jours de répit, il est sage d'avoir la patience d'attendre que les petits soient éclos avant de détruire le mâle ou la couveuse. La raison en est évidente.

Si vous faites enlever les œufs, sans doute c'est autant de moins, mais vous perdez l'occasion de tuer le père et la mère, qui peut-être iront faire ailleurs une autre couvée. En tuant l'un, vous pouvez craindre d'éloigner l'autre.

Attendez donc que les petits soient éclos. A ce moment le garde pourra sans hésiter envoyer un coup de fusil indifférement au père ou à la mère, car le veuvage n'empêchera point le survivant de conserver l'amour de ses petits, et quand il reviendra pour leur apporter leur pâture, il paiera de sa vie son téméraire dévouement.

Les parents une fois morts, le tour des petits est venu. Mais pas de férocités inutiles! Recommandez à votre garde soit d'envoyer dans le nid un ou deux coups de fusil, soit même d'enlever les petits, qu'il aurait peut-être la cruauté de laisser mourir de faim là-haut, malgré l'appât de la prime, si la difficulté était trop grande d'atteindre jusqu'à leur nid.

Un chasseur fort habile, dont j'ai déjà parlé, tenait à ce que les petits lui fussent toujours présentés et, pour être certain que ses ordres seraient exécutés, il doublait la prime. Je trouve qu'il avait raison. Son garde était d'ailleurs muni (et je suis d'avis qu'il en doit être de même partout) de ces crochets qui s'attachent aux jambes et dont se servent les hommes chargés d'émonder les grands arbres.

Chacun sait que l'affût est une affaire de patience; aussi est-il bien difficile de déterminer exactement l'heure à laquelle le succès est assuré. Disons toutefois qu'en se mettant à son poste avant le jour, le garde aura des chances d'attendre moins longtemps, tous les oiseaux ayant l'habitude de déjeuner de bonne heure.

Le soir, une heure avant la nuit, voilà encore un bon moment.

Le milieu de la journée ne vaut pas grand'chose.

Dans les plaines, on pose ce qu'on nomme des *piéges à poteau*. Ce sont de hautes perches au sommet desquelles est placé un piége. Les oiseaux de proie choisissent quelquefois ces observatoires élevés d'où ils inspecteraient aisément les environs… si, en se posant sur le piége, ils ne se trouvaient pris par une ou deux pattes.

On peut aussi détruire un grand nombre de buses à l'aide de piéges placés sur terre, dans un endroit peu garni d'herbes. On met pour amorce un œuf de poule. Les buses, comme vous savez, parcourent la plaine en volant lentement à peu de hauteur du sol : c'est leur façon de chasser. Dès que l'une d'elles aura reconnu votre œuf, vous pouvez la considérer comme prise. J'ajoute que pour assurer le succès de ce procédé, qui donne d'excellents résultats, il est bon de sacrifier pendant quelques jours un certain nombre d'œufs qu'on pose dans la plaine sur des points bien en vue.

Les corbeaux, et quelquefois les pies, se prennent de la même façon.

C'est là un bon moyen à employer au mois de
mars et d'avril. On pose les piéges dans les jeunes
blés ou dans les avoines, au-dessus desquels les
buses ne manquent pas de faire de nombreuses
randonnées pour chercher à surprendre quelque
alouette. On obtient encore de bons résultats en pié-
geant avec des œufs à l'époque où l'on fauche les luzernes et plus tard quand la moisson vient dégarnir
peu à peu la plaine. Il est bon de placer quelques
piéges amorcés comme je viens de le dire, aux environs des meules de blé, qui souvent servent
d'observatoire aux oiseaux de proie.

Au lieu d'amorcer avec des œufs, quelques gardes emploient des souris ou de petits oiseaux. Le résultat est à peu près le même. Cependant, si j'avais
à me prononcer, je crois que je donnerais la préférence aux œufs.

On peut aussi empoisonner les œufs au lieu de
les poser sur le piége. Tous les oiseaux qui les
mangent paient naturellement leur tribut à la
strychnine.

On détruit de cette façon bon nombre de pies et
de corbeaux ; mais c'est là un moyen dangereux,
malgré la précaution qui consiste à écrire sur l'œuf

empoisonné, car les gens qui traversent les champs ne savent pas tous lire, et si cet œuf était « gobé » tout cru par un gamin, le piégeur, en faisant sa tournée, trouverait, à la place d'une buse ou d'un corbeau, une terrible pièce de gibier.

Pour éviter de tels accidents, on se sert d'œufs déjà couvés ; de plus, quand on bat l'œuf pour y mêler la strychnine, on ajoute une petite dissolution d'eau dans laquelle on fait bouillir quelques brins de ce bois que les épiciers appellent du « bois rouge », et qui donne à l'œuf une teinte vineuse qui n'a rien d'appétissant.

Malgré cette précaution, je ne prendrais pas sur moi de recommander ce procédé, qui, employé dans la plaine, peut présenter de graves inconvénients.

Pendant l'hiver, quand la terre est couverte de neige, on peut détruire une grande quantité de corbeaux et de pies, en empoisonnant de petits morceaux de viande qu'on répand dans la campagne. Mais, sauf pour les pies qui sont sédentaires, ce n'est pas toujours celui qui pratique cette destruction qui en profitera, car les bandes de corbeaux qui couvrent nos campagnes pendant la mauvaise saison sont presque toujours des voyageurs.

Je n'en approuve pas moins qu'on leur fasse la

guerre du mieux qu'on peut, car, autant on en détruit, autant on détruit de méchantes bêtes.

Quelquefois, en opérant ainsi, on empoisonnera
un oiseau de proie ; mais cela est rare, car, à
cette époque, tous les mangeurs de petits oiseaux
ont beau jeu. Les alouettes se tiennent en grandes
bandes, morfondues, entre deux sillons ou à
l'abri de quelque déclivité de terrain ; c'est pour
les pillards une proie facile. Il vaut donc mieux
tenter d'exciter leur convoitise en leur offrant des
souris empoisonnées, qu'il n'y a point d'inconvénient à déposer dans les champs.

Tous les nids de ces oiseaux de rapine doivent
être recherchés et impitoyablement détruits ; mais
seulement, comme je l'ai dit, il faut attendre que
les petits soient éclos, et s'efforcer de tuer auparavant le père et la mère.

Il ne faut épargner ni les geais, ni les pies-griè-
ches, ni aucun des rapaces, à quelque rang qu'il
soit placé dans l'échelle des pillards ailés.

Quant aux oiseaux de nuit, je crois qu'ils ne sont
pas aussi redoutables qu'on l'a prétendu. Sans
doute une *effraye*, une *chouette hulotte* n'épar-
gneront pas un jeune lapereau, si elles le surpren-
nent à quelque distance de la rabouillère. Peut-être,
par grand hasard, un moyen-duc parviendra-t-il à
s'emparer d'un imprudent faisandeau qui aura voulu

jouir prématurément des douceurs du branché ;
mais en général les rapaces nocturnes ne se nourrissent pas aux dépens du gibier ; ce sont les mulots,
les crapauds même, qui, se promenant aux mêmes
heures, font habituellement les frais de leur ordinaire. Ils n'épargnent pas, bien entendu, le pinson
ou le verdier qu'ils découvrent la tête sous l'aile
à la tombée de la nuit ; mais je ne puis dire que
le chasseur doive considérer les oiseaux de nuit
comme des ennemis bien dangereux, car je n'ai
jamais constaté qu'on ait à leur reprocher la
vingtième partie des ravages qu'il faut mettre au
compte de leurs confrères, qui opèrent effrontément au grand jour.

Je me reprocherais d'omettre de répéter qu'au
nombre des plus dangereux ennemis du gibier, il
faut compter la pie, qu'on semble trop souvent dédaigner. Mon avis est que le meurtre d'une pie vaut
au moins celui d'une buse. Cette méchante bête
est également à redouter au bois et à la plaine,
et il n'est point de méfaits qu'elle ne soit capable
de commettre : depuis la mésange jusqu'au lièvre,
elle n'épargne rien de ce qu'elle peut détruire. Aussi
n'est-il point de moyens qu'un chasseur ne doive
mettre en œuvre pour en débarrasser un canton.

Mais, hélas ! le nombre, la fécondité et la méfiance de ces odieuses pies sont tels qu'il est à

peu près impossible de les détruire entièrement.

Le chasseur doit se dire que de tous les oiseaux de rapine, la pie est peut-être le plus dangereux.

CHAPITRE IV

*Élevage du gibier. — Perdrix grises et rouges.
— Faisans. — Boîtes à élevage. — Parquets et
faisanderies. — Les œufs de fourmis. — Repeuplement en lièvres et lapins. — Les garennes.
— Chevreuils.*

C'est seulement après qu'on est parvenu à faire
disparaître les bêtes nuisibles, ou au moins à réduire à des proportions peu inquiétantes le nombre de ces pillards, qu'il est opportun de commencer à engiboyer une chasse.

Pourquoi tant de sociétés se montrent-elles aussi
parcimonieuses dans l'engiboiement de leurs chasses? Pourquoi tant de chasseurs, qui cependant
ont à leur service des gardes habiles et dévoués,
reculent-ils devant un repeuplement presque toujours nécessaire? Pourquoi les plus déterminés,
au lieu d'employer le moyen le plus pratique,
c'est-à-dire au lieu de faire des élèves, se bornent-
ils presque toujours à lâcher, tant bien que mal,
un certain nombre de faisans dans leurs bois après

la fermeture, opération qui donne rarement les résultats attendus ?

Il faut bien le reconnaître, et j'en demande pardon aux maîtres qui jusqu'à présent ont traité la question de l'élevage du gibier, c'est que leurs conseils semblent faits uniquement pour les millionnaires de la chasse; c'est que les installations qu'ils recommandent comme indispensables, et que les soins multiples qu'ils prétendent nécessaires absorberaient tout le temps d'un ou deux faisandiers habiles et actifs, si le nombre des élèves était un peu important.

Tout cela n'est point fait pour encourager l'amateur modeste, et, aux yeux du plus grand nombre des chasseurs, faire des élèves est une affaire scabreuse et qui coûte les yeux de la tête.

Rien de cela n'est vrai.

Voyons : s'agit-il de faire du luxe..... ou du gibier? Vous faut-il un établissement modèle, pouvant rivaliser avec les faisanderies de l'ancienne liste civile? Ou bien, voulez-vous enployer un moyen pratique de produire des faisans et de les multiplier à des conditions raisonnables?

C'est pour le grand nombre qu'il faut écrire, car c'est tous les chasseurs qu'intéresse un tel sujet; et j'en connais beaucoup, pour ma part, qui depuis longtemps déjà auraient tenté l'élevage des

faisans, s'ils n'avaient été effrayés par les difficultés qu'on a si fort exagérées.

Et veuillez me permettre de m'autoriser ici de
l'approbation d'un homme qui a marqué sa place
au milieu de nos meilleurs écrivains cynégétiques,
d'un chasseur de la bonne école, dont les connaissances pratiques et l'esprit droit avaient compris le parti qu'on pouvait tirer du plus brillant
de nos gibiers de plume. Il n'y a pas longtemps,
hélas ! que je l'entendais exprimer cette opinion
que je défends aujourd'hui : « La question de l'é-
levage du faisan n'a été traitée que pour les millionnaires ; ce gibier, qui est rare en France, pourrait y être commun. Il faut donc indiquer aux
chasseurs modestes un moyen pratique d'en peupler leurs bois : ce sera pour eux un bienfait véritable, dont ils sauront gré à *la Chasse illustrée* (1).
Tout le monde, d'ailleurs, gagnera à la propaga-
tion de ce splendide oiseau dont la chasse, malheureusement, est encore réservée à un petit
nombre de privilégiés. »

Et c'était encore là une de ces généreuses pen-
sées qui lui étaient familières ; car la bienveillance
de ce noble et excellent cœur s'étendait à tous,

---

(1) Cette Étude a été publiée dans le journal *La Chasse Illustrée*,
édité par MM. Didot, rue Jacob, 56.

même aux inconnus. Hélas! M. le vicomte de Dax n'est plus! Quels regrets amers, mais aussi quel exemple il laisse à ceux qui avaient l'honneur et la bonne fortune de le bien connaître !..

Pardonnez moi, lecteur, ces quelques mots donnés à la mémoire d'un de ces indulgents amis qu'on ne remplace point,..... et puisque nous parlons chasse, continuons notre bavardage.

Nous allons donc entrer en matière et commencer, si vous le voulez bien, par le commencement, c'est-à-dire par la vulgaire perdrix grise qui, déjà, a complétement disparu de quelques-unes de nos provinces, et dont le nombre diminue de tous côtés avec une rapidité effrayante.

Je pourrais citer telle contrée où, dans mon enfance, abondaient les perdrix rouges et d'où elles ont depuis longtemps disparu. Elles avaient été remplacées par les perdrix grises; mais aujourd'hui, dans ce même pays, il ne reste plus rien...... si ce n'est sur quelques chasses réservées dont les propriétaires ont su donner au gibier les soins et la protection qu'il réclame, aujourd'hui plus que jamais.

Est-ce que ceci ne répond pas victorieusement aux ennemis aveugles des chasses gardées? N'y devons-nous pas en outre trouver la preuve de l'efficacité de cette protection, dont nos espèces indigènes ont elles-mêmes besoin pour échapper à une destruction complète?

En ce qui concerne la perdrix grise, il est bien facile et bien simple d'en peupler une plaine, pourvu que les braconniers soient tenus en respect par un garde énergique. Car c'est là une condition absolue, et il n'est pas besoin de longues phrases pour le démontrer. Soyez-en convaincus : il n'y a pas que les panneauteurs, fileteurs, etc., qui soient des braconniers dangereux. Ayez les yeux sur tel *chasseur de pays*, réputé habile et méritant le plus souvent cette réputation, et vous reconnaitrez que ce Nemrod patenté, très en règle avec la loi de 1844, ne l'est pas autant avec celle du bon sens le plus vulgaire, et que son égoïste ambition, aidée de son savoir-faire, cause d'incalculables dommages au gibier de tout un canton.

Que dites-vous, en effet, de ce chasseur... *honnête* qui, exploitant les communes avoisinant sa résidence, tue cinquante ou soixante perdrix, pendant la saison du couple?

Pour moi, qui ai des prétentions à la modération, je me borne à dire que c'est un fou dangereux. Mais quelle vérité désolante sous cette exclamation énergique d'un autre maître en matière de

chasse, M. le marquis de Cherville, quand il s é-
crie : « Que voulez-vous faire avec des animaux de
ce calibre-là ? »

Ce que je veux faire ? Mais les poursuivre par
tous les moyens, parbleu ! Mais leur déclarer une
guerre à outrance ! Mais les pincer impitoyablement chaque fois qu'ils mettront le pied chez moi !
Et les gredins ne s'en feront pas faute, croyez-le
bien, si votre garde a des habitudes réglées comme
un vieux chef de bureau.

Et ma modération ? Voilà que je l'oublie ! Mais
n'est-il pas certain que beaucoup de chasseurs sont
faits pour jeter hors des gonds les gens doués du
plus remarquable sang-froid ?

Pour faire des élèves de perdreaux dans une
plaine, il faut donc être en repos au sujet des braconniers de toutes les espèces qui leur font la
guerre.

Une excellente précaution destinée à vous éviter
plus tard bien des peines peut-être, bien des déceptions, consiste à lâcher quelques couples après
la fermeture, ou mieux encore dès le mois de janvier, ou la fin de décembre, si le temps n'est pas
trop froid. — J'expliquerai plus loin pourquoi je
recommande cette précaution, qui est indispensable, pour ainsi dire, dans une plaine complé-

tement dépeuplée de perdreaux, et qui rend partout d'excellents services à l'époque où on lâche des élèves.

Tous les ans, quand l'on fauche les prairies artificielles, dans lesquelles les perdrix ont la mauvaise habitude de déposer leurs œufs, tous les ans, un grand nombre de couvées sont perdues.

Il faut faire recueillir ces œufs.

Aux environs de Rambouillet, où je chasse depuis longtemps, la faisanderie de la couronne nous faisait une rude concurrence ; cependant le prix de l'œuf ne dépassait pas quinze centimes ; souvent même, le garde les payait dix centimes. Ce dernier prix me semble suffisant. Peut-être ailleurs, est-il possible de l'abaisser encore. Voici qui n'est pas très-effrayant, vous en conviendrez.

D'ailleurs, il ne faut pas être arrêté par la question de quantité, car c'est déjà un résultat appréciable que de lâcher une cinquantaine d'élèves, à cause de la savante défense qu'ils opposent aux poursuites du chasseur, pendant la première année. Ceci peut paraître extraordinaire à ceux qui n'ont jamais fait d'élèves, mais c'est absolument vrai. Nous reviendrons plus loin sur ce côté intéressant de la question des perdreaux élevés par la main de l'homme. Mais n'anticipons point.

La première recommandation à faire aux gens

chargés de recueillir les œufs est de mettre soigneusement à part chaque nichée, attendu qu'il
est indispensable de ne donner à chaque poule
que des œufs au même degré d'incubation. Il
est facile de comprendre, en effet, que si l'on
mettait sous la même couveuse vingt œufs dont
huit devant éclore au bout de six jours et douze
au bout de quinze jours, ces derniers seraient perdus, attendu que la mère ne manquerait pas de les
abandonner dès que les petits perdreaux, bien
ressuyés, commenceraient à montrer leur jolie
tête à travers ses plumes et à courir autour du
nid.

Lorsque cet accident arrive, il y a un remède
si l'on dispose de plusieurs couveuses : c'est de
donner sans retard à l'une d'elles les œufs abandonnés. Mais on comprend que cette opération
puisse quelquefois préparer de nouveaux ennuis,
car cette fois encore, il peut arriver que le degré
d'incubation ne soit pas le même. Il est donc préférable, à tous égards, de faire couver séparément
les œufs de chaque nid sauf à réunir tous les
petits à la même couveuse, en rechargeant de
nouveaux œufs celles qui se trouvent disponibles
après avoir couvé seulement peudant quelques
jours. Dans les endroits où les perdrix sont nombreuses, il arrive fréquemment, malgré les recom-

mandations, que les moissonneurs n'observent pas la précaution de mettre à part chacun des nids qu'ils recueillent, et je ne pouvais omettre de mettre les éleveurs en garde contre les inconvénients inévitables qui résultent de ce manque de soin.

Quand on a déjà de jeunes perdreaux conduits par une poule, et qu'une partie seulement des œufs d'une autre couveuse vient à éclore, on peut encore joindre les nouveau-nés à la première bande, et la mère les adopte facilement. Il est bon, toutefois, de s'assurer que les œufs restants sont « bons », pour ne pas retenir inutilement sur son nid la poule à laquelle on enlève ses jeunes poussins.

Une autre observation bonne à retenir, c'est qu'il ne faut pas donner les petits qui viennent de naître à une poule qui conduit des perdreaux trop forts, car ceux-ci mangeraient la part des plus jeunes. Il faut, autant que possible, « assortir » les élèves, comme disent les gardes, et quand cela ne se peut pas, il est fort prudent, pendant les premiers jours, de veiller sur les plus faibles et de leur donner à part leur nourriture.

Quand une partie seulement des œufs vient à éclore, ce qui arrive lorsqu'on n'a qu'une couveuse disponible, on ne doit pas tarder trop longtemps à enlever les élèves qu'on veut donner à

une autre poule ; car, si on leur laisse le temps
de prendre une certaine force, la mère ne veut
plus tenir le nid, et le reste des œufs serait perdu. Quand on est à l'avance assuré qu'une partie
des œufs doit éclore avant les autres il est bon de
retirer les petits à mesure de l'éclosion, mais il
ne faut les donner à leur mère adoptive que lorsqu'ils sont bien séchés ; en attendant on les tient
au chaud dans un petit paquet de laine ou de
coton, qu'on peut exposer au soleil ou près d'un
feu doux.

Quant aux œufs recueillis pendant la période
de la ponte, tous étant « *frais* » ce désagréable
inconvénient disparaît ; et tous arrivant à terme
en même temps, quelques heures suffisent habituellement pour l'éclosion de tous les petits.

Je disais tout à l'heure qu'il fallait mettre *sans
retard* à une autre couveuse les œufs abandonnés. Sans doute il est bon de ne pas les laisser
refroidir ; cependant un refroidissement d'une
heure et même plus ne cause pas toujours la perte
des œufs ; et, chose à remarquer, c'est pendant la
première période de l'incubation plutôt que dans
les derniers jours que les suites de cet accident
sont le plus à redouter.

Il résulte évidemment de ce qui précède qu'il
y a tout avantage, d'abord à conserver séparément

les œufs de chaque nid, et ensuite à sacrifier, sauf pour les œufs recueillis pendant la ponte, un œuf de chacune des couvées.

Est-il besoin d'expliquer pourquoi il est inutile de casser un œuf de ponte? Voici.

Tant que dure la ponte, la perdrix dépose chaque jour un œuf dans son nid, mais elle ne reste pas dessus : ce n'est que quand elle a pondu son dernier œuf qu'elle commence à couver.

Tout ce qui précède est bien simple, comme vous voyez, et cependant ce sont là les grosses difficultés pour les débutants. Faute de ces quelques précautions que je viens d'énumérer, j'ai vu souvent perdre une moitié des œufs. Quel mécompte! Je serais heureux de vous l'éviter.

Mais ce qui est plus simple encore, c'est la facilité avec laquelle on peut faire couver les œufs de perdrix et de faisans.

Croyez-le bien, il n'est pas du tout nécessaire d'avoir des couveries construites dans toutes les règles de l'art. J'ai vu donner des œufs de perdrix à des poules couvant dans des étables, ou dans des granges, ou dans des écuries : à l'endroit, en somme, que la poule a choisi elle-même, on peut être assuré que les perdreaux éclôront comme de vulgaires poulets de ferme.

Et puis, il faut remarquer que, si les œufs sont

recueillis, comme cela a lieu le plus souvent, dans le courant du mois de juin, ils éclosent parfois au bout de quelques jours, parce qu'à cette époque la perdrix a déjà fait elle-même une partie de la besogne réservée à votre couveuse.

Je ne blâme pas, entendez-le bien, celui qui, n'étant pas arrêté par des considérations matérielles, ne néglige aucune superfluité dans l'installation de ses faisanderies, je veux dire tout bonnement qu'il n'est pas utile de faire de grosses dépenses pour obtenir des résultats favorables; je prétends qu'élever des faisans et des perdrix n'est pas la grosse affaire que se figurent tant de chasseurs, et, sans dire qu'on doit s'abstenir de toutes précautions et de tous soins, j'affirme qu'avec un peu d'attention et de savoir-faire un garde animé du feu sacré doit fournir à son maître un bon nombre d'élèves sans que chaque faisandeau, tous frais comptés, lui revienne à vingt francs et chaque perdreau à cent sous. J'ai vu des faisandeaux qui, à trois mois, avaient coûté plus cher que cela, et je comprends, s'il devait toujours en être ainsi, que, beaucoup de chasseurs soient contraints de s'abstenir.

Mais nous verrons ce qu'il faut mettre de côté dans la manière de faire qui produit d'aussi superbes résultats.

La plupart des éleveurs attachent une grande importance au choix de la race de poules aux-quelles il convient de donner à couver les œufs de perdrix et de faisans. C'est là, en effet, une préoccupation bien naturelle; mais cependant il ne faut rien exagérer.

La première poule venue peut couver des œufs de faisans et de perdrix (je connais même des gardes qui vantent avec enthousiasme les mérites extraordinaires de la dinde commune); mais il est certain que les plus légères sont les meilleures. Les petites poules naines de toutes races, qui géné-ralement tiennent bien le nid, sont excellentes, et celles qu'on nomme vulgairement *poules-perdrix* ont des qualités toutes particulières : leur nom seul, d'ailleurs, n'est-il pas une promesse? Cepen-dant, à cet égard encore, tous les éleveurs ne sont pas d'accord : les uns donnent la préférence aux poules à pattes nues, les autres, au contraire, à celles dont les doigts sont garnis de plumes.

A mon avis, les deux espèces font la paire et se valent; et si, comme je le suppose, vous n'avez en vue que les résultats, je vous conseille de lais-ser les professeurs se chamailler sur les mérites respectifs des petites races auxquelles, pour ma part, je ne connais qu'un défaut, celui de couver trop tôt quelquefois : encore est-il juste de dire que c'est là un inconvénient plutôt apparent que réel, car en ne cédant pas au désir intempestif d'une poule destinée à l'élève du gibier, ce désir s'éteint peu à peu pour se réveiller plus tard, généralement au bon moment. On peut aussi maintenir les couveuses sur leur nid, au moyen *d'œufs d'essai*, jusqu'au moment où l'on peut se procurer les œufs de perdrix ou de faisans : mais ceci n'est possible qu'avec certaines races, la négresse par exemple, quelquefois aussi la petite poule blanche anglaise et la Brahma.

Un habile éleveur du département de la Marne, M. Ernest Leroy, de Fismes, a obtenu d'excellentes couveuses au moyen d'un croisement entre le coq nègre et la petite poule anglaise. Depuis trois ans, je n'emploie pas d'autres couveuses, et je n'en puis dire trop de bien.

Ce sont de jolies bêtes à duvet, patientes, douces, pleines de tendresse par leurs nourrissons.

Peut-être sont-elles moins robustes que la vulgaire poule de ferme; mais en ne les fatiguant pas outre mesure, on peut compter qu'elles rendront d'excellents services. Pour ma part, j'augmente chaque année, le personnel de mes *poules de soie* (c'est ainsi qu'on nomme ces charmantes nourrices), et je compte beaucoup, dans quelques années, n'avoir plus à recourir à des couveuses ordinaires.

D'ailleurs c'est là, pour ainsi dire, une discussion oiseuse, car il ne s'agit pas, pour le plus grand nombre des chasseurs, de monter un poulailler modèle. Dans chaque contrée il existe une race de poules plus répandue que les autres, et, quand on ne veut pas faire de frais, c'est celle-là que l'on prend, en vertu de ce sage précepte, que faute de grives on mange des merles. Les fermes, Dieu merci! sont nombreuses partout et, dans un cas urgent, il n'est jamais difficile ni dispendieux de se procurer une couveuse : c'est affaire au garde, auquel un petit crédit doit toujours être ouvert pour cet objet.

Le nombre des poules formant la base du poulailler doit, naturellement, être proportionné à la quantité de perdrix et de faisans qu'on se propose d'élever, et ce nombre peut varier chaque année. Il ne faut pas oublier que ce petit sérail doit avoir son sultan, les poules qui n'ont pas de coq couvant rarement et couvant mal.

En dehors de toute question de race, le choix doit se porter sur les poules légères, au pattes fines et sèches, rien n'étant désagréable comme d'avoir à enlever à chaque heure du jour quelque pauvre petit, écrasé sous les pattes épaisses d'une vieille couveuse trop pesante. L'année dernière, une poule à laquelle, faute de mieux, j'avais confié vingt-cinq perdreaux bien *venants*, a trouvé le moyen de ne m'en laisser que neuf. C'était pitié de voir cette grande et sotte bête étouffer à chaque minute, sous ses longs doigts rugueux, un de ses jolis enfants d'adoption. Avec une pareille nourrice, on perd plus de perdreaux pendant les dix premiers jours qu'il n'en succombe à l'époque de ce fameux *relevage de queue réputé si redoutable*.

Remarquons, en passant, que si son poulailler est bien garni, c'est pour le garde une ressource à compter pendant toute l'année que les œufs des poules d'élèves; c'est, en ce cas, une aubaine culinaire à ajouter à celle du lapin.

Une opinion fort répandue chez beaucoup de faisandiers, c'est que les femmes doivent être exclues des couveries pendant toute la période de l'incubation. Je me souviens, à cet égard, qu'avant de permettre aux dames de visiter telle faisanderie célèbre de ma connaissance, il leur était adressé par un vieux garde, avec toutes sortes de réticences et de « sauf vot' respec », une question bien impertinente sur l'état de leur santé. Vous savez qu'on est plus sévère encore à la porte des champignonnières, où la règle est que jamais ne doit pénétrer de visiteuse étrangère.

Bien que depuis longtemps déjà je me livre en amateur à l'élevage du faisan, je n'ai jamais rien constaté par moi-même. Le seul fait à ma connaissance qui puisse appuyer l'opinion que je me borne à relater, c'est d'avoir un jour reçu des mains d'une grosse fille de ferme une vingtaine d'œufs de perdrix qui furent tous perdus. Or il est bon de remarquer que les œufs recueillis dans les champs sont toujours *bons*, c'est-à-dire fécondés; d'ailleurs, cette fille fit plus tard des aveux au garde.

Bref, s'il s'était occupé de l'élevage des faisans et des perdrix, l'illustre et galant M. Michelet vous aurait sans doute conseillé, « pendant cette période mensuelle qui scande la vie de la femme » d'interdire à toute visiteuse l'accès de vos couveries.

Pour en finir avec la récolte des œufs, disons qu'il ne faut pas donner sa confiance au premier venu. J'ai connu un gredin qui ne manquait pas, avant de livrer les œufs qu'il volait un peu partout, de les secouer longtemps et vigoureusement de manière à ébranler fortement la membrane qui clôt la chambre à air : il en résultait qu'aucun ne donnait d'éclosion. Qu'y gagnait-il? « Son bien premièrement, puis le mal d'autrui. »

Quelques vendeurs d'œufs usent d'un autre procédé, qui, pour être un peu moins odieux, n'est pas moins entaché de ce genre de coquinerie particulière dont les paysans, en général, ne se font pas faute d'user envers « les bourgeois. » Ceux-là

vont tout bonnement prendre dans vos bois o
dans vos pièces en bordure les œufs que votr
garde leur paye à beaux deniers comptants.

Que voulez-vous? il faut être philosophe au siè
cle où nous vivons ! Sans doute, il est bon d'ouvri
l'œil; mais, dans les propriétés giboyeuses, c'est l
un mal à peu près sans remède, car il est bie
difficile d'exiger du garde qu'il connaisse tous le
nids, et qu'avant de payer ces douze œufs que l
berger lui apporte, il prenne la précaution d'alle
vérifier si ce ne sont pas, par hasard, ceux de cett
poule faisane qui couvait là-bas, sous une touffe d
bruyère, à cinquante pas du chemin que suive
matin et soir les ouvriers de la ferme.

Notez d'ailleurs qu'en pareil cas, et pour peu qu'
suppose que le garde pouvait connaître ce nid, s'il
trouvé quinze œufs, votre pourvoyeur n'en appo
tera que douze, afin de dérouter les soupçons; ma
soyez sans inquiétude au sujet des trois autres,
vous les vendra plus tard, fût-ce l'année prochain

Je ne puis m'étendre sur les ruses de toute so
employées par les paysans qui proposent des œu
aux gardes des chasses où ils savent que l'on f
des élèves : je me borne à dire qu'il est prudent
n'accepter ces propositions qu'autant qu'elles so
faites par des gens de la probité desquels on es
peu près certain.

Je connais une chasse très-brillante où il est de règle de ne payer les œufs qu'après l'éclosion. Cela est parfait, et je vous engage à en faire autant..... si vous le pouvez ; mais il faut être dans des conditions toutes particulières, comme le maître de cette chasse à laquelle je fais allusion, pour faire ainsi la loi aux ouvriers des champs.

Quand les petits perdreaux sont éclos, il faut les laisser quelques heures sous la mère pour qu'ils se ressuient ; mais il est prudent de surveiller les allures de celle-ci, car certaines couveuses, sous le prétexte d'aider leurs petits à briser la coquille, se remuent sans cesse sur le nid et les écrasent. A celles-là, il faut enlever les poussins au fur et à mesure de l'éclosion, et les tenir au chaud dans un petit paquet de laine que l'on expose, soit au soleil, soit auprès d'un feu doux : mais on doit agir avec précaution et prendre garde de faire cuire les délicates créatures, ainsi que cela est arrivé, un beau jour, à un garde qui perdit de la sorte, en un quart d'heure, une cinquantaine de faisandeaux.

Nous voici arrivés aux installations de diverses sortes, qui sont, sinon indispensables, du moins utiles pour mener à bien les élèves.

En se renfermant dans les strictes exigences du nécessaire, il serait difficile de se ruiner ; et dans de modestes parquets, perdreaux et faisandeaux prospèrent aussi facilement que dans les plus sompueuses faisanderies.

Que ceux qui veulent faire mieux ne se gênent pas : en partant du principe, il leur sera aisé d'établir tous les embellissements qu'ils jugeront agréables.

Boîte à élevage. — Une planche pour le fond ; trois pour les côtés ; sur le devant, cinq ou six petits barreaux assez espacés pour permettre aux élèves d'entrer et de sortir ; le tout recouvert d'un toit en biseau dont l'arête est garnie d'une feuille de zinc pour empêcher la pluie de pénétrer à l'intérieur : 50 centimètres de largeur sur 40 de hauteur. Voilà une *boîte simple* à élevage.

Cette boîte est destinée à renfermer la poule ; elle doit être, surtout pendant les premiers jours, placée dans un endroit clos. Quand on n'a pas quelque coin de cour convenablement disposé, on peut faire un petit enclos (de 1 mètre carré environ pour dix perdreaux) en plaçant sur champ des planches de 30 à 40 centimètres de hauteur. Mais il n'en coûte pas beaucoup plus d'établir une caisse sans fond, qu'on fixe au-devant de la boîte de la poule au moyen de deux crochets ; ce petit parquet est commode pour les premiers jours. Il peut être recouvert d'un châssis vitré ; mais la nécessité de cette couverture ne m'a jamais paru

Boîte à élevage et poules de soie.

démontrée par la pratique, car, en cas d'averse, les petits rentrent sous leur mère, et s'il tombe une pluie persistante, à moins que le nombre des élèves ne soit considérable, il est presque toujours facile de faire rentrer les boîtes dans une grange; un cellier, quelque part en somme où elles soient à l'abri; d'ailleurs, je crois que cela vaut mieux, parce qu'en cas de pluie, les petits ont plus chaud dedans que dehors. En temps ordinaire, un simple filet est suffisant, car il empêche à la fois les perdreaux de franchir les parois de leur caisse, laisse passer l'air et les protége contre les attaques des chats.

Les *parquets volants* étant plus spécialement destinés aux faisandeaux, nous en parlerons plus loin. Il ne nous reste plus, en ce qui concerne les perdreaux, qu'a nous occuper des soins particuliers qu'exige leur éducation.

Le perdreau, dans son premier âge, est fort délicat. Pendant les premiers jours, ce dont il a le plus besoin, c'est d'une bonne chaleur. Mettez donc la boîte au soleil, et ne la retirez que pendant le milieu de la journée, quand la température est trop élevée.

Les œufs de fourmis, s'ils ne sont pas absolument indispensables pour le perdreau gris, sont excessivement favorables à sa santé et à son dévelopement rapide ; mais je les crois nécessaires au perdreau rouge, qui est certainement celui dont l'éducation donne le plus de mal et exige le plus de soins de toutes sortes.

C'est le soir et le matin que le garde doit aller faire sa provision. Les fourmis sont d'infatigables travailleuses qui passent une partie de leur temps à changer de place ces larves dont nous avons besoin. Le matin, elles sont au faîte de la fourmillière en un seul bloc ; mais à mesure que le soleil s'élève et que ses rayons s'échauffent, le déménagement de ces œufs s'exécute du haut en bas ; de sorte qu'au milieu de la journée, c'est tout au fond de la pyramide, dans les herbes et les excavations des vieilles souches qui souvent en forment la base, qu'il faudrait aller les recueillir. A mesure que le soleil décline vers l'horizon, les fourmis recommencent en sens inverse ce singulier déménagement, de sorte qu'à la fin de la soirée, la plus grande partie des œufs sont revenus occuper la position d'où ils avaient été descendus le matin.

J'ai eu bien souvent l'occasion d'étudier ce travail extraordinaire, parce que, comme j'habite malheureusement loin de bois bien « enfourmillés », j'ai poussé la fantaisie de l'élevage des perdrix et faisans jusqu'au point de créer des fourmilières artificielles dans mon jardin, absolument comme

on construit une garenne au milieu d'un bois;
je me suis souvent félicité de cette invention tant
soit peu bizarre, attendu que, de cette façon, j'ai
toujours des œufs sous la main dans un cas pressé.
Je dois avouer, dans la crainte qu'on ne sourie de
cette exagération, que dans mon petit domaine, il
n'y a ni légumes, ni arbres fruitiers, et que mes
fourmis par reconnaissance sans doute, sont excessivement sages et discrètes, car personne ne s'en
est jamais plaint, pas même les dames. Peut-être
aussi savent-elles, en bêtes bien élevées et prudentes
à la fois, que tout voyage de curiosité trop aventu-
reux serait inflexiblement puni de la peine capitale.

Voulez-vous ma recette? En deux mots la voici :
Procurez-vous quelque vieille souche ou une
grosse racine de bois tombant en poussière, si la
chose est possible; en tout cas que cette souche
soit martelée de trous, de bosses, d'aspérités de
toute sorte. Faites creuser un trou exposé au soleil
levant; déposez-y votre souche et maintenez-la
au moyen de quelques poignées de sable ou de
menues pierres.

Ceci fait, quand le garde vous apportera sa récolte d'œufs, il vous suffira d'en jeter quelques
poignées sur cet ouvrage de vos mains, pour reconnaître que les fourmis le trouvent fort de leur
goût : vous les verrez aussitôt charrier leurs œufs

qu'elles iront cacher dans les cavités de cette ▮
cine. Renouvelez plusieurs fois l'opération ; ▮
commandez à votre garde d'apporter le plus p▮
sible de fourmis qui serviront d'ouvrières ; q▮
dépose, auprès et non pas sur la souche, les m▮
tériaux enlevés à une fourmilière naturelle, e▮
les ouvrières sont nombreuses et les matéria▮
abondants, vous verrez, au bout de quelques jo▮
s'élever ce petit monticule qui deviendra ▮
fourmilière véritable dans très-peu de temp▮

Une observation importante : vous savez que ▮
larves de fourmis sont de deux sortes, il y en a ▮
petites et de grosses. Les petites donnent n▮
sance aux fourmis ouvrières, les autres aux four▮
ailées. Ce sont ces gros œufs, si je ne me trom▮
qui entretiennent la source de la population d▮
fourmilière ; ayez donc soin d'en mettre en a▮
grande quantité dans cette fourmilière artificie▮
Les fourmis les emporteront bien vite tout au f▮
de leur retraite, et l'année suivante, au lieu d'▮
seule, vous aurez peut-être deux ou trois colon▮

Ne faites pas vous-même ce petit monticule ▮
s'élève au-dessus de chaque fourmilière : les f▮
mis se chargeront elles-mêmes de ce travai▮
vous leur donnez les matériaux nécessaires, et ▮
ouvrage ne ressemblera en rien à celui que ▮
auriez construit de vos mains. L'intérieur d▮

fourmilière est un veritable dédale, où sont per-
cées, en tous sens, de nombreuses galeries, que
les fourmis seules sont capables d'échafauder. En
travaillant à leur place, vous n'auriez d'une fourmilière que l'apparence extérieure, et votre but
ne serait pas atteint.

C'est avec une bêche qu'on recueille les œufs.
Mais avant de les donner aux élèves, surtout quand
ils sont jeunes, il faut enlever les fourmis et non
pas les mettre au four, car si, en opérant de la
sorte on tue incontestablement toutes les fourmis,
en même temps on fait cuire les œufs, qui sèchent.
durcissent et perdent la meilleure partie de ce qui
fait leur attrait aux yeux des perdreaux.

Voici comment il faut opérer.

On versé sur un sac une certaine quantité d'œufs
qu'on étale en couche légère : les fourmis sont
bientôt venues à la surface où elles courent en
tous sens, effarées et furieuses, de sorte qu'en promenant un autre sac sur cette couche d'œufs, de
brindilles et de fourmis ces dernières s'y accro-
chent par les pattes ; on secoue vigoureusement,
elles tombent à terre et vont chercher fortune ailleurs ; vous pouvez tenir pour certain qu'elles iront
augmenter le nombre des ouvrières de vos fourmilières artificielles si vous en avez fait établir. On
répète l'opération jusqu'à ce qu'il ne reste plus

que les œufs et ces petites brindilles de menu b
dont ils sont toujours mêlés.

Pendant les premiers jours, les perdre
mangent à peine ; mais dès que l'appétit leur vie
il faut largement mesurer leur ration, surt
quand ils sont en parquet ; car ceux qui peuv
courir librement dans un jardin, y trouvent tou
sortes d'insectes qui suppléent très-avantageu
ment à l'œuf de fourmi, qui, malgré ses incon
tables mérites, n'en est pas moins une nourrit
un peu factice.

C'est surtout aux perdreaux rouges qu'est u
cette liberté dont ils profitent pour chercher
nourriture à leur goût, et quand on peut leur
nager de telles conditions tant qu'ils sont
traîne, c'est le meilleur moyen de remédier
pertes nombreuses qui, trop souvent, vienn
éclaircir leurs rangs sans causes bien appréciab
quand ils sont trop étroitement enfermés.

Il y a quelques années, un vieux garde dont
déjà parlé, et qui est à la fois un des plus hab
piégeurs et des meilleurs faisandiers que j'aie c
nus, le père Bonin, perdait, en quelques jours,
de soixante perdreaux rouges sur une cent
qu'avaient *amenés* ses couveuses.

Bonin était à cette époque au service de la c
tesse de T.... qui avait pour ses charmants élè

une affection toute particulière. Tous les jours
son garde venait au rapport, et quand il racontait
les désastres de la nuit, Mme de T..... se montrait
désolée. C'était par douzaines que se comptaient
chaque matin les victimes ; et le brave Bonin, l'o-
reille basse, en était venu à calculer qu'il ne fallait
plus que trois ou quatre jours pour achever le dépeuplement complet de ses parquets. Quelle tristesse ! Quand tout semblait désespéré, un confrère
vint lui conseiller, pour arrêter le mal, de donner
tout bonnement de l'*eau ferrée* aux survivants.
Sans avoir grande confiance dans ce remède si
simple, Bonin ne tarda pas à l'employer : un fer
chauffé à blanc fut à plusieurs reprises plongé dans
de l'eau limpide ; Bonin versa cette eau dans les
augettes, au fond desquelles, par surcroît de précaution, avaient été déposés préalablement quelques vieux clous oxydés. Le lendemain, trois petits
cadavres seulement furent ramassés, et les jours
suivants, les parquets avaient repris cet aspect
vivant, cet air de fête qui réjouit si agréablement
l'éleveur passionné ; tous les élèves couraient au
beau soleil en pleine santé, et tous vinrent à bien.

Il est juste d'observer toutefois que l'eau ferrée
dont les effets excellents ne sont pas à mettre en
doute, est assez échauffante, et doit être supprimée
dès qu'on remarque chez les élèves des symp-

tômes d'échauffement, qu'indique la trop gran
sécheresse de la fiente des oiseaux.

Quelques éleveurs recommandent de mesur
mathématiquement, par centilitres, la quantité
nourriture qu'il convient de donner aux élèves ;
des professeurs assermentés ne se font pas faute
renouveler avec forces détails cette belle reco
mandation. J'avoue n'en pas comprendre bien n
tement l'utilité ; je n'admets pas davantage celle
consiste à rationner les jeunes perdreaux et fais
deaux de tel à tel âge, pour leur laisser de te
tel autre la faculté de manger tout à leur appé

Pour moi, mes élèves, en tout temps, mang
tant qu'ils veulent : quand ils n'ont plus d'œufs
fourmis, je leur en fais donner, et je vous c
seille d'en agir de même. L'animal n'est pas com
l'homme, qui mange sans faim et boit sans so
il mange quand son estomac lui dit qu'il doit m
ger, et c'est seulement après un trop long jeû
qu'il m'est arrivé d'avoir à regretter les effets
l'intempérance de quelque faisandeau. Ce n'
là qu'une exception. Et puis il ne faut pas oub
qu'il s'agit en ce moment des perdreaux, qu
doit garder le moins longtemps possible, et c
lesquels il est rare, pendant le premier âge, si
leur donne les soins nécessaires, d'avoir à co
tater de bien graves accidents.

Il ne nous reste pas grand chose à dire pour en terminer avec leur éducation.

On peut résumer les soins qu'exigent les jeunes perdreaux pendant les premiers jours, en deux points principaux : ne pas les laisser manquer d'œufs de fourmis ; les préserver très-soigneusement des atteintes du froid surtout, et de l'humidité ; car la chaleur, je le répète, est une condition essentielle. Si le temps est frais, il faut faire rentrer les boîtes non-seulement pendant la nuit, mais aussi dans la journée. Quelquefois tous les élèves d'un parquet semblent souffrants, et leur mine chétive fait peine à voir ; mais vienne un beau rayon de soleil, et tous ces petits malades vont revenir subitement à la santé et à la joie, sous sa bienfaisante influence.

Ajoutons qu'il est bon de renouveler une ou deux fois par jour l'eau des augettes qui, bien entendu, ne doivent pas être assez profondes pour qu'il y ait à redouter des noyades, et que l'emploi de l'eau ferrée prévient quelquefois de graves accidents, — par exemple la diarrhée, puisqu'il faut l'appeler par son nom.

On ne donne pas habituellement de *pâtée* aux perdreaux, et on a raison, si l'on peut faire autrement ; mais comme cette pâtée qui, pour les faisandeaux, peut suppléer, dans une certaine mesure,

aux œufs de fourmis, contient toujours un peu d[
« *verdure* », il ne faut pas omettre d'ajouter ch[
que jour quelques feuilles de salade ou de persi[
hachées menu, à l'ordinaire des perdreaux.

Quand un élève reste immobile dans un coin, l[
duvet hérissé, le cou dans les plumes, l'air trist[
il est malade. Il faut le séparer du reste de la band[
et le tenir au chaud ; non pas que la chaleur artif[
cielle que vous lui donnerez vaille mieux que cel[
de la poule, mais parce que quelques-unes des affe[
tions qui atteignent les perdreaux étant contagie[
ses, il vaut mieux risquer la perte d'un seul élèv[
que de compromettre l'existence de tous les autre[

Je ne sais si cette bonne fortune tient à des co[
ditions particulièrement favorables, mais il n[
m'est pour ainsi dire jamais arrivé d'avoir à dépl[
rer de pertes sensibles par le fait de ces maladi[
qui ravagent quelquefois les parquets de certai[
gardes. Je crois plutôt que c'est faute d'observ[
ces quelques précautions élémentaires énuméré[
plus haut, que tant d'éleveurs arrivent à des résu[
tats véritablement dérisoires. Je pourrais rappel[
telle circonstance où plus de trois cents œufs n'o[
pas produit plus d'une dizaine d'élèves. J'avo[
qu'un tel résultat n'a rien d'encourageant ; on aura[
fait couver ces œufs par quelques douzaines [
vieux invalides qu'on n'eût pas beaucoup plus m[

réussi. Ne riez pas. J'ai eu un cousin, un homme bien tranquille, assurément, qui a couvé jour et nuit, pendant *une dizaine* de jours, cinq œufs de caille; et, ma foi, il les a *amenés* tous les cinq.

Pour ma part, ce sont les morts accidentelles que je redoute le plus, et j'ai toujours vu les poules nourrices faire plus de victimes que les maladies. Aussi dois-je reconnaître que c'est la raison qui m'a fait entrer dans quelques détails au sujet du choix des couveuses; je serais même allé jusqu'à conseiller l'emploi des *poules nègres,*qui sont des bêtes tout à fait recommandables sous ce rapport, fort adroites et fort légères; mais j'aurais craint d'encourir le même reproche que je fais aux maîtres qui ont écrit sur la matière, c'est-à-dire d'indiquer un moyen nécessitant de grosses dépenses, car, à côté de leurs mérites, les poules nègres ont un grand défaut, celui de coûter beaucoup plus d'argent qu'il ne convient à bien des gens d'en dépenser.

L'âge critique du perdreau est l'époque du *relevage de queue,* et j'avoue qu'il me semble assez difficile de remédier efficacement aux accidents qui atteignent quelquefois les élèves parvenus à cette période de leur transformation. en ce qui me concerne, je le répète, je n'ai jamais eu de grandes pertes à mettre au compte de cette trans-

formation du perdreau. Pourtant mon avis
qu'il vaut mieux chercher à prévenir le mal à l'a
d'un moyen bien simple : ce moyen, le voici

Le relevage de queue s'opère au moment o
perdreau, ayant depuis longtemps perdu le
duvet des premiers jours pour revêtir la vila
livrée du *pouillard*, va de nouveau changer
costume pour endosser celui de l'âge mûr. Il
arrivé à cet âge où la barbe pousse aux homm
c'est donc un grand garçon, qui court et
comme père et mère, ou à peu près. Si vos élè
n'ont pu être lâchés avant cette époque, il n
pas que votre garde, si modestement qu'il soit
tallé, n'ait pu déposer la boîte à élevage conter
la poule nourrice, soit dans un jardin, soit dan
verger, soit même dans une luzerne à proxir
de sa maisonnette.

N'allez pas vous récrier au moins, et ne craig
rien ! Je vous assure que vous pouvez être parfa
ment en repos. Pendant les six ou huit jours,
ou moins, que votre homme les a gardés
maison, et nourris de sa main, en leur jetant
provende au-devant de la prison de leur mère
perdreaux ont pris l'habitude d'en sortir et d'y
trer selon leurs besoins, et quel que soit l'end
où vous placiez la boîte à élevage pendant tou
temps qu'ils seront *en traine*, ils ne manqueront

plus de s'y réfugier à la première alerte, qu'ils n'hésiteront à pousser à l'entour des reconnaissances... gastronomiques ; or c'est là le point essentiel. Au milieu des grandes herbes, ils trouveront cette foule d'insectes qui, à l'état sauvage, constituent leur véritable nourriture, celle qui leur convient le mieux, et qui leur donne cet état de santé florissante, régulière, normale, qui est inconnue à tous les êtres réduits en domesticité. C'est là le meilleur de tous les remèdes ; ce n'est pas celui qui guérit, mais celui qui préserve. Cela vaut mieux encore que le fameux « N'arrachez pas! guérissez ! » Ce n'est pas plus malin que cela. Tous les soirs, le garde enlèvera la boîte et les petits seront au complet sous la mère ; il agira de la sorte jusqu'à l'époque où leurs ailes peuvent les porter à une vingtaine de mètres ; à ce moment il est prudent de les remettre en parquet.

En opérant de cette façon, vous n'avez à redouter qu'un ennemi : le chat, toujours le chat ! Aussi, cet ennemi-là, faut-il le combattre sans cesse et partout, car il ne suffit point de le surveiller ; et comme il ne commet pas de demi-crimes, il ne faut pas lui infliger de demi-châtiments : la mort ! toujours la mort ! — J'ai mangé probablement pendant le siége de Paris des méchantes bêtes de bien des sortes : mais le chat, si j'en ai mangé, est la seule, peut-être, que mon estomac eût engloutie sans remords.

Et puis, vous auriez tort vraiment de regretter outre mesure la disparition d'un ou deux élèves; songez, avant de vous désoler, combien davantage vous en auriez perdu en conservant en parquet tout votre petit peuple jusqu'à l'époque du relevage de queue. Je suppose en effet que, pour lâcher vos élèves sans guide, dans cette vie nouvelle au milieu de laquelle vous allez subitement les transporter, vous attendrez prudemment qu'ils aient acquis les forces nécessaires, car, si vous reconnaissez qu'ils ignorent l'art important de chercher leur nourriture, vous voudrez du moins que leurs ailes puissent leur servir à l'occasion à se protéger contre les attaques de leurs ennemis.

Disons donc que, toutes les fois que cela est possible, il faut se débarrasser des perdreaux dans leur premier âge, et le meilleur moyen de lâcher les élèves, celui dont la réussite ne laisse aucun doute, consiste à charger de leur éducation les perdrix qui ont elles-mêmes couvé dans la plaine. Voilà pourquoi je conseillais, au commencement de ce chapitre, de lâcher quelques couples à l'arrière-saison dans les plaines, trop nombreuses, hélas! qui sont aujourd'hui presque entièrement dépeuplées.

Il est bien entendu qu'un bon garde doit connaître le plus grand nombre des compagnies qu'il possède. Il a vu les perdrix au couple et les a comptées; c'est encore son affaire de savoir en quel endroit elles se sont cantonnées. Remarquez d'ailleurs qu'en faisant son service, il ne causera pas aux récoltes plus de torts qu'on n'en saurait reprocher aux gens chargés « *d'échardonner* » les blés et les avoines; il prendra donc connaissance, sans inconvénients et sans difficultés, des endroits où les poules auront déposé leurs œufs. A partir du jour où une perdrix aura commencé à couver, il sera fixé sur la date précise de l'éclosion. Voilà une compagnie. Qu'il fasse donc réserver le nid, si cela se peut, et qu'il évite de déranger la couveuse; car c'est elle qu'il chargera plus tard du soin d'élever ceux qui naîtront chez lui à la même époque, à quelques jours près.

Quand un garde connaît ainsi une dizaine de compagnies, il peut lâcher, dès les premiers jours, cent ou cent cinquante de ses élèves.

D'ailleurs, vers la fin du mois de juin, ou au commencement de juillet, dans une plaine bien peuplée, faites quêter un chien sage, et vous aurez bien vite connaissance d'autres compagnies écloses dans les blés et dont vous ignoriez l'existence.

Ceci une fois constaté, il ne reste plus qu'à « assortir » les perdreaux d'élèves avec ceux de leurs frères libres dont ils sont destinés à partager l'existence heureuse... jusqu'au jour de l'ouverture.

Tous les matins, les perdrix conduisent leurs petits dans quelque chaume, ou dans un regain de luzerne ou de trèfle récemment fauché. C'est là, sous les bons rayons du soleil levant, que toute la bande vient prendre ses ébats et se met en quête du déjeuner. Il faut laisser à la jolie famille le temps de s'écarter un peu de la remise voisine, blé ou sainfoin, dans laquelle tout disparaîtrait à la première alerte, et où il ne serait pas aisé de mettre la main sur le perdreau qui nous est indispensable.

Précédés de ce chien sage, dont le concours nous est nécessaire pour mener à bien l'opération, nous allons entrer dans la pièce en coupant de notre mieux la retraite à nos perdreaux. Tenez, voici *Mac* en arrêt. Cela n'a pas été long, hein ? Voyez-vous là-bas le coq qui file à pattes, cherchant à se dérober avec une partie de sa progéniture ? Mais, bah ! malgré son dévouement paternel, le voilà parti : bon voyage, mon vieux ! — A la poule maintenant, qui bien sûr est là, rasée à quelques pas : elle se lève à son tour, traînant l'aile et se culbutant ; mais *Mac* ne bronche pas. c'est qu'il sent les jeunes perdreaux rasés tout autour de lui. — Allons, un léger appel pour qu'il quête sur place... Un nouvel arrêt ! Bon, cette fois, c'est notre affaire, un perdreau blotti sous une javelle : « Tout beau, *Mac!* » Emparons-nous bien vite du pauvre petit, et gagnons, sans perdre de temps, la lisière de cette pièce d'avoine, où s'est abattue la perdrix. — Ne parlons plus maintenant... Entendez-vous?..... Kok! kok!... kok!... kok!... la voilà qui revient, rappelant doucement les petits qui sont restés dans le chaume, où elle ne fait que poser la patte pour se rejeter aussitôt sous l'abri tutélaire de notre avoine.

Si vous voulez jouir d'un ravissant spectacle, laissez faire la bonne mère, et voyez toutes les peines qu'elle va prendre pour rallier ses chers petits, qu'elle croit menacés d'un grand danger. Ne nous pressons pas trop de lui donner les élèves que le garde tient en réserve dans son panier ; car, trompée par le nombre de ce nouveau bataillon, peut-être s'éloignerait-elle sans laisser le temps de la rejoindre à ses enfants légitimes, qui hésitent parce qu'ils nous voient. — Pourtant en voici un qui se décide, puis un autre : ceux-là sont des braves. Enfin, ils se lèvent un à un, et nous en comptons une dizaine. — C'est le moment de pincer légèrement par la patte celui que nous tenons : aux piaulements d'angoisses du pauvre captif, voyez la perdrix venir jusque sous nos pieds, plumes hérissées, bec ouvert, poussant des cris désespérés et faisant tête, tout comme une poule qui défend ses poussins contre un chien de ferme.

— Vite, ouvrez le panier, Bonin!

Quelle dégringolade, bon Dieu! Quelle déroute! Comme tout cela s'enfuit à qui mieux mieux, à grand renfort de pattes et d'ailerons, se bousculant sans merci! En un clin d'œil tous ont disparu. Puis c'est au tour de la vaillante mère qui s'éloigne la dernière bien rassurée, et semblant toute heureuse et toute fière de cette miraculeuse augmentation de sa famille.

J'ai fait bien souvent, et toujours avec un véritable plaisir, cette utile opération, et toujours elle a réussi. J'ajoute qu'elle présente toutes sortes d'avantages quand il s'agit de repeupler une plaine; d'abord parce qu'elle décharge le garde d'une partie des soins qu'il doit donner aux élèves dont la santé quoi qu'on en fasse, n'est jamais, je le répète, aussi assurée en captivité qu'à l'état libre, et ensuite parce que les perdreaux ainsi lâchés, sont pour ainsi dire inabordables. Pourquoi? Je ne me chargerai pas d'en donner la raison; mais je constate (et tous les chasseurs qui ont fait des élèves seront de mon avis) que ces perdreaux qui doivent le jour aux soins de l'homme, qui ont reçu de sa main leur nourriture, sur lesquels, sans qu'il en soit résulté pour eux aucun accident, ont

Perdreaux d'élève mis en liberté.

été dressés quelquefois plusieurs chiens d'arrêt;
ces perdreaux qui ont vécu au milieu des poules,
des chiens, des ouvriers de la ferme ; ces perdreaux
qui venaient se disputer leur provende dans votre
main et jusque sur vos genoux; qui, en un mot,
avaient été à même d'apprécier le dernier mot
de la civilisation champêtre, ces perdreaux-là
ont conservé de leur captivité un souvenir si peu
flatteur... pour l'espèce humaine, que, rendus à
la vie sauvage, ils ne se laisseront plus approcher
ni de vous, ni de votre chien, ni de personne, et
que, par-dessus le marché, ils feront passer ces
allures de haute prudence dans la cervelle moins
expérimentée de leurs frères d'adoption, de sorte
que tous semblant connaître par cœur l'axiome
fameux « tout empire divisé périra », la compagnie restera toujours en bataillon compacte, intelligente phalange que ne sauraient rompre ni les
plus savantes manœuvres, ni les coups de fusil de
portée ordinaire ou extraordinaire.

Il y a quelques années, nous avions une compagnie ainsi composée d'une soixantaine d'individus,
*sur lesquels il n'en manquait que huit en fin de sai-
son,* malgré plusieurs battues effectuées pendant
l'hiver, avec quelques amis désireux comme moi de
varier leurs plaisirs habituels de chasseurs au bois.

Voyez-vous maintenant l'avantage des élèves de

perdreaux sous le rapport du repeuplement, et,
me plaçant à un point de vue purement conservateur, n'avais-je pas raison de vous dire que c'était
un résultat appréciable que de lâcher une cinquantaine de perdreaux la première année, puisque cela représente, selon toutes probabilités, dix
ou quinze compagnies pour la saison prochaine?

Dans une chasse soignée, il est bon de conserver quelques poules perdrix, de manière à remédier à l'inconvénient que présente la surabondance toujours régulière du nombre des coqs, qui
dérangent les couples à l'époque de la pariade. Je
sais qu'il est aisé de détruire ces coqs; mais j'aime
mieux les conserver et faire des mariages. C'est le
soir, *après le coucher du soleil*, qu'il faut lâcher la
poule dans le voisinage de l'endroit où se trouve le
couple et le coq célibataire. Soyez sans inquiétude,
celui-ci saura bien la retrouver le lendemain.
J'ajouterai que si la loi défend l'emploi des chan-
terelles, il est avec le ciel des accommodements;
et je n'ai jamais vu, *dans une chasse gardée*, que
le garde ait été inquiété pour avoir procédé à cette
destruction, même après la fermeture. Sans doute,
c'est là une tolérance, mais n'est-ce pas également
en vertu d'une tolérance, que votre garde tue au
fusil, après la fermeture, les oiseaux de proie et
les bêtes nuisibles? En agissant ainsi, ne fait-il

pas acte de chasse? — Je sais bien qu'il y a l'autorisation préfectorale, mais, dans la pratique, combien la demandent? D'ailleurs, s'il n'est pas trop maladroit, il peut très-bien se passer de chanterelle. Qu'il n'en soit pas ainsi dans les terres libres, cela s'explique, car sous prétexte de détruire un coq, ce qui pourtant est un acte conservateur très-méritoire, que de chasseurs, pourvus d'un égoïsme féroce et aveugle prétexteraient de cette faculté pour achever le dépeuplement d'un canton, toujours en vertu de ce joli principe : « Si ce n'était moi, ce serait mon voisin ! » Grand bien vous fasse, cher monsieur! mais voilà un sentiment qui ne vous fait pas honneur, ni à vous, ni à monsieur votre voisin.

C'est pourtant là qu'en sont les choses dans la plupart de nos provinces, où la théorie de la chasse libre est en honneur.

Je n'ai jamais vu employer pour lâcher les perdreaux rouges le moyen qui réussit si bien avec les perdrix grises; trop de difficultés s'y opposent; je n'oserais d'ailleurs en conseiller l'essai. Mais on ne doit pas oublier qu'il faut à la perdrix rouge un terrain tout particulier, et que tenter d'en peupler un pays de plaine serait perdre son temps.

J'ai vu lâcher des couples dans *le Bocage,* dans la Sarthe, dans l'Orne, et sur un sol très-favorable;

mais, soit que pendant les premières années les chasseurs qui avaient semé ces richesses aient commis la grosse faute d'en user avec trop peu de modération, soit que la nature vagabonde du perdreau rouge ait pris le dessus, toujours est-il que les résultats ne m'ont pas semblé en rapport avec les sacrifices accomplis. Ailleurs, au contraire, les perdrix rouges ont bien réussi, mais jamais au même degré que les grises, et je crois que le meilleur moyen d'avoir de la perdrix rouge, c'est de la ménager dans les endroits qu'elle favorise de sa précieuse personne.

Nous avons vu la nécessité de remettre en parquet les perdreaux à l'époque où la vigueur croissante de leurs ailes commence à devenir inquiétante; disons donc, pour en finir, que ces parquets doivent être assez spacieux, si l'on veut éviter les inconvénients qui résultent de l'agglomération d'un nombre considérable d'élèves dans un espace restreint. Et cependant j'ai vu chez un fermier treize beaux pouillards parfaitement venus, dans une petite boîte de quelques pieds carrés! Mais ce n'est pas la règle commune.

C'est surtout aux perdreaux rouges qu'il est utile de ménager un certain espace. Si dans les parquets qui leur sont destinés on a pu laisser pousser de mauvaises herbes, des chardons, des ronces, du mourou blanc, et que çà et là on ait semé quelques touffes de sarrasin, tout sera dans les meilleures conditions pour amener les élèves à l'âge où l'on peut sans inconvénient leur donner la liberté.

Il y a de telles analogies entre l'élevage du faisan et celui de la perdrix, qu'il est difficile de préciser deux méthodes d'éducation vraiment distinctes : la nourriture et les soins à donner aux élèves pendant les premiers jours de leur existence sont absolument les mêmes, et, s'il existe une différence, elle réside tout entière dans les installations nécessaires, dans *l'outillage*, si vous voulez bien me passer ce terme consacré.

Le plus souvent il est facile, comme je l'ai montré, de se débarrasser promptement des perdreaux; pour les faisandeaux, c'est une autre affaire, du moins à mon avis.

Cependant on lâche quelquefois des faisandeaux d'élève à une poule faisane ayant des petits de même âge. Cette année même, dans une chasse où pour la première fois le garde s'occupait d'élevage, j'ai fait donner huit faisandeaux âgés de deux jours à une poule faisane qui avait amené à bien une assez jolie couvée. Aujourd'hui, nous sommes au 25 août et la compagnie compte dix-neuf faisandeaux, tous revenus de queue et bien portants. La poule faisane a donc adopté parfaitement les élèves qui lui avaient été confiés.

Malgré cette expérience et diverses réussites qui m'ont été signalées, j'hésiterais encore à vous conseiller d'employer, pour lâcher les élèves de faisans, la méthode qui réussit si facilement pour les perdreaux. Je vous dis ce que j'ai fait; mais avant de vous recommander le procédé, je voudrais que le succès en fût confirmé par de nouvelles épreuves.

J'oubliais aussi de vous dire que j'ai tenté l'expérience dans un parc de près de 200 hectares, entièrement clos de murs, où il n'existe peut-être pas une seule bête puante, et où nos faisans sont l'objet de soins tout particuliers.

Ceci bien expliqué, jugez vous-même, et faites ce que vous croirez le plus prudent.

Les chasseurs qui ne sont pas dans des conditions exceptionnelles feront donc sagement en comptant qu'il leur faudra conserver les faisandeaux pendant trois mois environ, c'est-à-dire jusqu'après l'époque de la mue, car, à moins de conditions particulièrement favorables, ménagées de longue date et à grands frais, ce serait condamner les élèves à une mort certaine que de les mettre au bois avant qu'ils n'aient acquis la force et l'expérience nécessaires. — L'expérience d'un faisan! cela paraît drôle; mais tout est relatif ici-bas.

Je sais que quelques éleveurs ne partagent pas

à cet égard l'opinion que j'exprime; mais j'ai été à même de constater personnellement, à diverses reprises, les déceptions pénibles provenant de l'impatience maladroite de certains gardes qui, voyant leurs élèves pleins de vigueur courir et parfois *se piquer* dans des parquets devenus peut-être insuffisants, ne trouvaient rien de mieux que de les porter au bois pour se débarrasser des soins et de la surveillance indispensables à cette époque de leur vie qui précède l'âge critique du faisan, c'est-à-dire l'âge de la mue.

Jamais la mise au bois ne doit avoir lieu avant le moment où les jeunes coquelets commencent à revêtir la brillante livrée de l'adulte. Quand ils sont bien nettement maillés, on peut les mettre en liberté en observant quelques précautions. C'est là le bon moment : avant, c'est trop tôt, parce que les élèves sont encore trop faibles et trop peu couverts; après, c'est trop tard, car, en les conservant en parquet, on court risque, si l'espace dont on dispose est restreint, d'en perdre un bon nombre à cause de cette singulière passion qu'on nomme le *piquage*, et qui ne fait que croître et embellir à mesure que les faisandeaux prennent des forces; en outre, il devient très-difficile de suppléer à la nourriture particulièrement favorable dont ils ont besoin, à cette époque de leur vie, où ils sont en pleine croissance, en pleine transformation, et qui leur est aussi indispensable que l'espace et le mouvement.

Pour les chasseurs qui possèdent un enclos palissadé de quelques hectares, situé au milieu d'un bois et placé sous la garde d'un faisandier, on peut dire que toutes difficultés sérieuses cessent un ou deux jours après l'éclosion des élèves, car ceux-ci, à l'abri de tout danger, s'accoutument, dès leur premier âge, à chercher eux-mêmes la nourriture qui leur convient, de sorte que les œufs de fourmis, qui pourtant ne doivent pas être supprimés, ne sont pour ainsi dire qu'un accessoire, qu'un supplément à la riche provende de scarabées, de sauterelles, d'araignées, en un mot d'insectes de toutes sortes auxquels ils font la chasse tout le long du jour, absolument comme leurs frères nés en liberté. .

Les faisandeaux élevés de la sorte passent, pour ainsi dire, sans transition de l'état d'esclavage à l'état libre, et, pour les retenir dans les environs de l'enclos où ils ont passé les premiers mois de leur vie, il n'est pas besoin d'autre précaution que d'entretenir soigneusement leur table bien servie. Des semis d'orge, de sarrasin, devront donc être laissés sur pied. Ce n'est que plus tard que leur viendra cet esprit d'aventure et de vagabondage qui cause la perte de tant de ces beaux oiseaux; en les entraînant au loin. Mais, malgré cet inconvénient, ceux qui peuvent fournir à leurs élèves ces conditions exceptionnellement favorables sont assurés d'avoir, au bout de quelques années, une chasse suffisamment peuplée, s'ils consentent à ménager les poules en vue de la reproduction naturelle.

Mais ce n'est pas là, pour la majorité des chasseurs, le côté intéressant de la question ; car, sans compter la maison d'un garde, installé sur place, c'est relativement une grosse dépense que la construction, en planches pleines, d'un enclos contenant un ou deux hectares. On m'objectera qu'on peut employer des grillages : sans doute, mais pour le plus grand nombre, c'est encore là une dépense trop élevée, car il ne faut pas oublier que ce grillage doit être protégé à sa base par des paillassons ou mieux encore par des plinthes en sapin goudronné *d'au moins* 50 centimètres de hauteur, précaution sans laquelle une bonne partie des élèves s'en irait au travers du bois. Or, il n'y a pas d'exagération à dire : autant de sortis, autant de perdus. C'est pour cela que la palissade en planches est à peu près indispensable.

Plaçons-nous donc à un point de vue plus modeste, et voyons comment il est possible d'avoir des faisans sans tant de frais.

La *boîte à élevage* pour la poule, quelques *par-*

quets volants, qui sont fort commodes, et des *parquets fixes* dans lesquels les élèves pourront rester
jusqu'à l'époque où ils seront mis au bois, voilà
tout l'outillage nécessaire.

Après avoir donné la description de ces diverses
installations , nous constaterons ensemble de
quelle utilité elles sont dans la pratique.

Nous avons vu déjà la construction élémentaire
et l'utile destination de la *boîte à élevage,* passons
donc aux parquets volants.

Les *parquets volants* sont destinés à suppléer au
défaut ou à l'insuffisance des parquets fixes; ils
ont cela de bon qu'on peut les transporter partout,
dans une cour ouverte ou sur le chemin, devant
la porte du garde, et, suivant qu'on le désire, soit
au soleil, soit à l'ombre. Ils conviennent parfaitement à une bande de faisandeaux ou de perdreaux
qu'un accident a privés de leur mère; ils peuvent, à
l'occasion, servir d'infirmerie pour les malades et
les écloppés, ou, plus tard, de prison pour quelque
batailleur incorrigible. Muni à l'intérieur d'un cabanon en paille ou en planches pour servir de refuge
au besoin, un parquet volant devient un parquet
fixe qui a l'avantage de ne jamais gêner. Qu'on y
place la boîte à élevage renfermant la poule, et
il pourra servir très-convenablement d'habitation,
pendant plusieurs semaines, à toute une famille.

Quatre châssis en lattes carrées (dites tasseaux), surmontées d'un toit dont les arêtes sont en tringles fortes : voilà la charpente d'un parquet volant. Les quatre panneaux des châssis seront fermés avec du grillage métallique galvanisé, si l'on veut de l'élégance, avec de simples lattes, si l'on ne s'attache qu'à l'utilité. Le pourtour de ce parquet doit être garni de planches ou de paillassons pour que les élèves puissent toujours avoir un abri contre les rayons d'un soleil trop ardent. Le toit est tout simplement garni d'un filet. A l'exception du grillage galvanisé, le tout doit être enduit d'une couche de peinture.

Les *parquets fixes* penveut être considérés comme la clef de voûte des installations nécessaires à l'élevage du faisan, et, moins vous ménagerez l'espace à vos élèves, mieux vous réussirez.

Vous conviendrez avec moi que du moment où un établissement modeste remplit parfaitement le but qu'il est destiné à atteindre, ce n'est pas non plus sous ce rapport que l'éducation du faisan nécessite de grands sacrifices.

Eh bien ! je vous affirme, par expérience, que les parquets les plus simples sont parfaitement dignes de votre confiance.

Ce qui est essentiel, ou au moins ce qui est de la plus haute importance, c'est qu'ils soient exposés

au soleil levant et qu'ils aient une surface propor
tionnée au nombre des élèves qu'ils doivent renfermer.

Un parquet mesurant trois mètres de largeur
sur six ou huit mètres de longueur, suffira pour
une vingtaine de faisandeaux : cela fait dix-hui
ou vingt-quatre mètres carrés, et ce n'est pas trop

L'entourage et les clôtures de séparation peuven
être indifféremment en lattes sciées ou fendues (l
prix diffère à peine). D'ailleurs, selon les pays, i
pourra être plus avantageux d'employer des pail
lassons ou des genêts.

Il est inutile que chacun des parquets soit sépar
de son voisin par une clôture pleine ; il suffit qu
les faisandeaux ne puissent passer de l'un à l'au
tre, ce qui, dans certains cas, entraîne des incon
vénients. Pour éviter qu'il en soit ainsi, il suffit d
garnir le bas du treillage de plinthes en bois o
de paillassons.

Au fond de chaque parquet, un toit en planche
goudronnées ou recouvertes de papier bitumé
pour qu'il dure plus longtemps, recouvre un espac
d'un mètre cinquante centimètres environ de pro
fondeur, sur toute la largeur du parquet. C'e
sous cette sorte de hangar que doit être placé l
cabanon de la poule. Ce cabanon peut, au gr
de chacun, être construit en planches, en paille o

Parquets fixes.

en carreaux de plâtre ; il sera suffisamment convenable s'il ne laisse pas pénétrer l'eau, et, passé les
premiers jours, c'est à peine si quelque frileux ira
s'y réfugier. Sous ce toit, il faut répandre du sable
et planter des perchoirs; d'autres perchoirs doivent également être placés en divers endroits du
parquet, le *branché* étant pour les faisans d'une utilité presque absolue, car, de même que ceux qui
sont élevés dans une chambre carrelée, les faisans
qui ne peuvent se percher contractent presque toujours une infirmité des pattes, qui leur fait dévier
les doigts, ce qui, plus tard, nuirait à la rapidité
de leur course, et vous savez que le faisan se sert
de ses pattes aussi habilement, pour le moins, que
de ses ailes.

Il ne faut pas omettre non plus de planter çà et
là quelques arbres verts et d'y laisser pousser librement les mauvaises herbes et les chardons pendant toute l'année. A défaut d'arbres verts, on peut
placer quelques ramées de chênes garnies de leurs
feuilles.

C'est encore une excellente chose que d'y semer
quelques poignées de seigle, et plus tard de sarrasin et de moha de Hongrie.

Tout cela pousse pêle-mêle et forme une petite
forêt vierge, qui fournit aux élèves de la verdure
à discrétion et dans laquelle ils font la chasse aux

15.

insectes. Il suffit de laisser libre une certaine partie du parquet, sur laquelle on répand du sable, comme sous le hangar, pour qu'ils puissent se poudrer à l'aise, au soleil aussi bien qu'à l'ombre.

Voilà, succinctement, les installations indispensables ; mais il est bien entendu que, dans la pratique et selon la disposition des lieux, il peut être fait quelques modifications de détail, qu'on peut donner aux parquets, par exemple, en largeur ce que l'on ne l'on ne peut leur donner en longueur, etc.

En ce qui concerne la couverie, je n'ai rien dit encore, car je ne suis nullement partisan de la manière de faire recommandée par le plus grand nombre des maîtres qui ont écrit sur l'élevage du faisan. Sans doute, on peut obtenir de bons résultats en suivant leurs conseils ; mais on peut faire aussi bien sans tant de frais, et je répète encore que mon intention est de m'adresser à tous les chasseurs et non à quelques priviligiés.

Nous allons donc, sans plus tarder, nous occuper de la ponte des œufs de faisan, de l'incubation, de la volière et de l'éducation des élèves, et vous verrez que j'ai eu raison de vous dire que les difficultés qui ont été signalées sont empreintes d'un esprit d'exagération auquel doit être attribuée cette répugnance à peu près générale qu'éprouvent les chasseurs à tenter l'élevage du plus brillant de tous nos gibiers.

Maintenant que vous avez passé en revue les modestes installations qui sont nécessaires pour l'élevage du faisan, il nous reste peu de choses à dire pour compléter l'exposé des « voies et moyens » à mettre en œuvre par les propriétaires de chasses désireux d'acclimater chez eux ce gibier de *high life*.

Le choix de la race des reproducteurs est un point capital, et nous ne saurions nous dispenser d'insister sur ce côté de la question, qui va nous conduire tout naturellement à examiner le complément de ce petit *outillage* dont nous avons indiqué les éléments essentiels.

Il ne suffit pas, en effet, pour obtenir de féconds résultats, de se procurer, chaque année, à l'époque de la ponte, une certaine quantité d'œufs destinés à être mis en incubation : cela est excellent sans doute, mais ce qui est encore mieux peut-être, ce qui, en tous cas, supplée sûrement à la pénurie possible de la récolte ou de l'achat des œufs, c'est de conserver en parquet un certain nombre de poules faisanes qui, installées et soignées convenablement, doivent fournir une quantité d'œufs en rapport avec le nombre d'élèves qu'on se propose de faire. Les œufs achetés, c'est l'éventuel ; les œufs recueillis en volière, c'est le certain.

Ici nous pourrions examiner la question de la fécondation ; mais nous y viendrons dans un instant : disons d'abord un mot sur les races les plus susceptibles d'acclimatation

Le *faisan à collier*, vulgairement nommé *faisan de Bohême* (pourquoi...?), est celui dont l'élevage, jusqu'à présent, a donné les meilleurs résultats au point de vue du repeuplement.

Le faisan qu'on désignait, il y a quelques années encore, sous le nom de *faisan commun*, ne diffère du précédent que par l'absence de ce brillant collier blanc, dont le faisan de Bohême, est cravaté, et c'est sans doute là l'unique cause de la préférence donnée à ce dernier, car les deux espèces sont également fécondes, de même grosseur, très-rustiques, et toutes deux s'élèvent en volière et s'acclimatent facilement.

Le *faisan de l'Inde*, un peu plus petit parfois que les précédents, de couleurs plus claires et peut-être plus brillantes, ne semble pas, jusqu'à ce jour, avoir répondu aux soins qu'on lui a donnés dans quelques propriétés où la chasse est un luxe dispendieux. J'ai tué plusieurs faisans de l'Inde, mais je ne puis me flatter d'avoir jamais abattu un oiseau de race pure, et ceux que j'ai rencontrés étaient des métis provenant d'un croisement avec le faisan de Bohême ou le faisan commun. Ce n'est donc pas sur cette espèce que doivent se porter les efforts du chasseur jaloux de peupler ses bois d'un gibier d'avenir.

Dans une excellente brochure (1), que je ne puis trop recommander, un aviculteur d'un véritable mérite dont j'ai déjà parlé, M. Leroy, de Fismes, qui a traité d'une façon claire et simple à la fois l'élevage des faisans, recommande le *faisan de Mongolie* comme susceptible de se multiplier facilement dans nos chasses. Tout ce que je sais de ce bel oiseau me fait partager l'opinion de cet habile éleveur.

Le faisan de Mongolie est plus petit que les faisans de Bohême et de l'Inde, mais il est d'une grande fécondité, très-robuste, très-sauvage (qualité précieuse chez un oiseau destiné à vivre en liberté), et par-dessus tout cela d'une rare beauté. Ce serait donc un gibier naturellement désigné à la sollicitude de tous les amateurs, si son prix n'était encore un peu élevé. Mais pour ceux que n'arrête pas la dépense, je ne puis mieux faire que de leur conseiller d'en entreprendre

(1) A. Goin, éditeur, à Paris.

l'élevage (en volière, bien entendu, pendant les premières années), convaincu que je suis qu'on obiendra rapidement les meilleurs résultats, car aucun autre faisan, peut-être, ne réunit à un plus haut degré les qualités diverses qu'on doit rechercher dans les espèces de gibiers étrangers dont il serait à souhaiter de voir nos chasses s'enrichir.

J'ajoute que le mongol, mis en liberté, sans plus de précautions que le faisan commun, réussit dans des conditions fort satisfaisantes, et qu'on obtient de fort beau métis, également susceptibles d'un bel avenir dans nos chasses, au moyen du croisement du mongol avec le faisan ordinaire ou le faisan à collier.

Quoi qu'il en soit, ne voulant pas m'écarter du programme que je me suis tracé, je me hâte de revenir au faisan commun, dont le prix est abordable pour toutes les bourses, qu'on peut se procurer partout, qui est, à tout prendre, un magnifique oiseau, aussi facile à élever que la vulgaire perdrix, et dont tout bois réunissant les conditions que nous avons indiquées pourrait être abondamment peuplé.

Aujourd'hui les chasseurs soucieux de marcher sur un terrain connu et d'éviter de graves mécomptes, me semblent donc devoir donner la préférence au faisan à collier de Bohême. Le faisan

de Bohême se trouve facilement. Beaucoup d'é-
leveurs en font le commerce et le Jardin d'acclimatation du Bois de Boulogne, tout particulièrement, fournit chaque année un grand nombre de
faisans aux amateurs qui lui adressent leurs demandes. Laissez-moi seulement vous donner un
bon conseil : si vous désirez demander au Jardin
vos reproducteurs, n'attendez pas au mois de janvier : à cette époque les inscriptions sont déjà
nombreuses, et il pourrait vous arriver comme
à bien d'autres, de voir votre demande..... ajour-
née, ce qui équivaut à dire que vous n'auriez pas
vos oiseaux.

Les parquets dans lesquels doivent être conservés les reproducteurs ne diffèrent guère de ceux
dont nous avons donné la description. L'unique
précaution à observer consiste à fermer en partie, à l'aide de planches, le devant du petit hangar
établi le long du mur, au fond de chaque parquet, et à couvrir le tout d'un filet. C'est sous ce
hangar ainsi modifié que les poules faisanes vont
pondre le plus souvent. Une porte à trappe permet
de recueillir les œufs, chaque jour, sans difficulté.

On donne quelquefois jusqu'à cinq et six poules à un coq. Ce nombre, généralement admis
pour les oiseaux qu'on met au bois (et disons que
cinq poules sont un nombre suffisant), me sem-

ble trop élevé pour les reproducteurs conservés en volière. Trois poules pour un coq réduit en esclavage, à mon avis, c'est bien assez; deux poules pour un coq, c'est encore mieux. Soyez convaincus que c'est, en tous cas, le meilleur moyen d'obtenir une fécondation régulière. En effet, soit que la captivité éteigne en partie les facultés des coqs, soit que la nourriture excitante qui doit leur être offerte dès le commencement du mois de mars ne leur convienne qu'à moitié, j'ai toujours vu que dans un parquet renfermant quatre, cinq et parfois six poules, la plus grande partie des œufs recueillis étaient *clairs*.

La poule faisane donne des œufs dès le printemps qui suit sa naissance; mais c'est un tort de la conserver en volière plus de trois années, car, passé cette époque, elle ne pond plus que très-peu, et il est à propos de la remettre au bois, laissant à la nature et à la liberté le soin de lui rendre, si c'est possible, un regain de jeunesse et de fécondité. En ce qui me concerne, je ne garde jamais mes poules faisanes plus de deux années.

Une précaution à observer, c'est de ne point donner trop de nourriture aux oiseaux destinés à la reproduction; on dit que les bons coqs doivent être maigres; les poules trop grasses pondent peu. Voilà donc deux bonnes raisons pour une.

Pendant toute l'année, mes faisans de chasse ou d'agrément sont nourris de petit blé, mêlé d'un peu de sarrasin. Dès la fin du mois de février, ou dans les premiers jours de mars au plus tard, je fais ajouter à leur provende habituelle une petite poignée de chènevis par chaque bec d'oiseau et une pâtée aux œufs durs. Le chènevis est, pour les faisans, un aphrodisiaque très-énergique qui vient en aide à la nature et hâte la saison des amours qui, parfois, est tardive chez les oiseaux vivant en parquet ; c'est le meilleur moyen que je connaisse d'obtenir une bonne fécondation. En tout temps la verdure ne doit pas être ménagée ; mais il convient de s'arrêter quand les faisans sont attaqués ou semblent menacés de diarrhée, ce qui arrive surtout dans les parquets humides ou à la suite de pluies prolongées. Dans ce cas, l'eau ferrée pour boisson et comme nourriture, le riz cuit à l'eau, ou même cru, suffit habituellement pour rendre aux oiseaux leur santé.

Notons donc, dès maintenant, qu'il faut avoir soin de garnir le sol de ces parquets d'une bonne couche de sable ou de menu gravier. Cette précaution évite aux faisans toutes sortes d'accidents résultant de l'humidité, la déformation des pattes, par exemple, et surtout la goutte et les paralysies, ce qui est infiniment plus grave.

Ajoutons à cela de l'eau renouvelée chaque jour. Rappelons que la propreté est aussi salutaire aux bêtes qu'aux gens, et tout sera dit.

Il n'en faut pas davantage pour conserver en bonne santé le faisan adulte.

Voilà donc nos reproducteurs installés; occupons-nous maintenant de leurs produits, c'est-à-dire de leurs œufs.

Chaque poule faisane, selon son âge, sa santé ou les conditions de votre installation, pondra depuis sept ou huit œufs jusqu'à trente et quelquefois plus. Or, à l'état sauvage, jamais la ponte n'atteint un pareil chiffre. De là résulte clairement l'avantage de profiter, en gardant les reproducteurs en volière, de cette fécondité artificielle. Je parle, bien entendu, au seul point de vue du repeuplement.

Les œufs doivent être recueillis tous les jours et renfermés avec soin : habituellement on les met dans du son, qui semble créé et mis au monde tout exprès pour cette intéressante destination; on peut également employer de la sciure de bois. Il ne faut pas les conserver trop longtemps. Plus tôt ils sont mis à couver, mieux cela vaut; au bout d'un mois, la moitié, peut-être, ne vaut plus rien, à moins qu'on n'ait pris des précautions excessives ; or, vous êtes de mon avis, n'est-ce pas ? il ne faut jamais compter sur les résultats surbordonnés à l'observation de précautions excessives.

Selon qu'un œuf mis à couver a été pondu aujourd'hui ou il y a quinze jours, le poussin éclora quelquefois à vingt-quatre ou trente heures d'intervalle, et je n'ai pas besoin, je pense, de revenir à ce sujet sur les inconvénients déjà signalés à propos des perdrix.

Quelques éleveurs recommandent de renfermer les poules couveuses dans des paniers couverts. M. Leroy, a inventé une boîte destinée au même emploi, et dont il donne la description et le croquis dans son livre ; cette boîte est fort ingénieuse. En somme, l'essentiel est que la poule ne puisse céder à cette velléité, criminelle chez une couveuse, d'abandonner son nid ou de quitter trop brusquement ses œufs. Les paniers ne sont pas mauvais, la boîte est bonne : choisissez donc, car ce n'est pas là un point bien important. Que la poule soit tranquille ; c'est là l'essentiel si elle est bonne couveuse. Disons pourtant qu'un couvercle au dessus du panier, tenant la poule en place, a quelquefois pour effet de la retenir sur ses œufs et de réveiller la fièvre de couver chez une poule qui, laissée libre, aurait abandonné le nid. Un panier couvert est donc une bonne chose.

Comme les perdreaux, il faut laisser pendant vingt-quatre heures les faisandeaux sous leur mère à moins qu'elle ne soit turbulente, brusque ou pesante : une poule trop lourde étouffe souvent sous son poids plusieurs petits. S'ils naissent le soir ou dans la nuit, on peut leur offrir quelques œufs de fourmis vers la fin de la première journée, mais ils n'en mangent guère. Dans la coquille le poussin se nourrit du jaune de l'œuf. Au moment de l'éclosion, ce jaune n'est pas entièrement résorbé, et s'il vous arrive, par malheur, de perdre un jeune faisandeau venant d'éclore, ouvrez-le; vous trouverez à l'intérieur une bonne partie de ce jaune entièrement pur, et qui doit servir au soutien de sa vie, pendant le premier jour.

J'ai donné la description et les croquis des parquets, mais j'ajoute qu'il est bon de n'y point laisser la poule en liberté avec les élèves; on doit, au contraire, la renfermer dans la boîte à élevage : c'est même là, quand, par bonheur, les couvées réussissent au delà des espérances, un excellent moyen de suppléer au défaut d'espace, puisqu'on

peut sans inconvénient mettre ainsi deux ou trois
poules et leurs poussins dans le même parquet et
les y conserver pendant quelques jours.

Mais c'est quand tous les parquets sont occu-
cupés que les *parquets volants* rendent d'inappréciables services. Ces petits parquets, peu coûteux
à établir, ont des mérites de plusieurs sortes que
j'ai déjà à peu près indiqués, et qui, du reste, se
devinent si aisément que je ne veux pas m'y appesantir davantage.

Nous allons donc, sans plus tarder, passer en
revue les soins particuliers à donner aux faisandeaux, puis la manière de les lâcher dans de bonnes conditions; enfin nous nous occuperons des
poules faisanes, dont il est prudent, dans bien
des chasses, de reprendre une certaine quantité qu'on garde en parquet jusqu'à la fermeture.

C'est à dessein que je me suis étendu sur les
précautions à prendre au moment de l'éclosion
des perdreaux, et sur les soins à leur donner pendant les premiers jours de leur existence, attendu
que ces précautions et ces soins sont également
nécessaires aux faisandeaux.

Nous passerons donc brièvement sur la première
période de l'éducation du faisan pour en venir
aux soins particuliers qu'il réclame. Disons, avant

tout, qu'au moment de sa naissance il est plus d[é]
licat que le perdreau.

La chaleur, voilà encore le point important. [U]
temps sec et beau pendant les trois ou quat[re]
jours qui suivent l'éclosion est donc très-favor[a]
ble au succès. Mais il est, Dieu merci! des a[c]
commodements avec le ciel. Donc, si le temps e[st]
couvert, s'il fait froid, s'il pleut, les élèves d[oi]
vent être rentrés soit dans une chambre spéci[a]
lement réservée à cet effet, soit dans une étab[le]
une grange ou une écurie, soit enfin dans u[ne]
pièce quelconque où la boîte à élevage peut êt[re]
déposée sans inconvénients. Il va sans dire qu[e]
ne s'agit pas ici de la boîte à élevage simple, ca[r]
si la chambre renferme plusieurs couvées, ou [si]
les bestiaux ne sont pas aux champs, il en résu[l]
terait des accidents sur lesquels il est inut[ile]
d'insister; il est donc indispensable d'ajoute[r à]
cette boîte un petit parquet dont les élèves [ne]
puissent s'échapper. J'ai déjà dit, je crois, qu'u[ne]
planche servant de fond, et trois pour les côt[és]
font tous les frais de ce parquet, qu'on place deva[nt]
l'entrée de la boîte à élevage. On peut même supp[ri]
mer le fond, qui n'est pas indispensable. Il ne f[aut]
pas omettre de renouveler l'air de la pièce où [les]
faisandeaux sont ainsi tenus prisonniers : ce[tte]
condition importante de la pureté de l'air cond[i]

quelques éleveurs à s'abstenir soigneusement de rentrer les boîtes dans une étable ou une écurie. Je n'ai jamais eu l'occasion de constater, en ce qui me concerne, aucun accident provenant de cette manière d'opérer; peut-être, cependant, une chambre d'élevage bien aérée est-elle préférable.

Les œufs de fourmis sont la base de la nourriture nécessaire aux faisandeaux pendant les premiers jours. — Quand je dis *nécessaire*, peut-être vais-je trop loin; il est du moins certain que, plus longtemps on leur en donne, mieux cela vaut. Pendant plus de quinze jours ils peuvent s'en nourrir exclusivement, et je suis d'avis, je le répète, qu'il ne faut point les rationner. On doit avoir soin d'enlever les fourmis tant que les élèves sont trop faibles pour se défendre contre leurs attaques. Quelques douzaines de fourmis mettraient en fuite une compagnie entière de tout jeunes faisandeaux, fussent-ils affamés.

Je conviens qu'il est possible de suppléer aux œufs de fourmis, mais je ne puis me lasser de répéter qu'aucune nourriture n'est aussi favorable, et que le garde doit s'efforcer de n'en pas laisser manquer ses élèves. Un peu plus tard, quand ils auront acquis quelques forces, ils mangeront fort bien les fourmis elles-mêmes, et c'est encore un appoint. En cas de disette, on peut leur donner, en même

temps que la pâtée dont je vais faire connaître la
composition, des vers de terre hachés menu (si
l'on emploie des vers de fumier, il est bon de les
laver soigneusement); s'ils les refusent aujour-
d'hui, peut-être les accepteront-ils demain; s'ils
persistent, on se rejette sur les mouches communes qu'ils acceptent volontiers et que le garde
peut se procurer en assez grande quantité en
répandant des miettes de sucre sur la table où il
prend ses repas. C'est même là pour ses mou-
tards, quand il en a, une occupation toute trouvée et qui vaut bien, à tout prendre, ce criminel
vagabondage à la recherche des nids. Ne riez pas
de ces mouches, ami lecteur; pendant les premiers âges chaque faisandeau n'en gobât-il qu'une
vingtaine dans la journée, c'est une nourriture ani-
male qui vient corriger, dans une certaine mesure
ce que peut avoir d'insuffisance la pâtée que vous
leur fabriquez plus ou moins habilement. J'en dirai tout autant des sauterelles qu'il faut hacher
menu quand elles sont trop grosses. J'ai connu
un gamin de quatre ou cinq ans dont l'ardeur à
la chasse des insectes de toute sorte a certainement sauvé la vie à une vingtaine de faisandeaux
qui dépérissaient à vue d'œil, faute d'œufs de
fourmis. Les chenilles poilues ne valent rien, les
autres sont fort bonnes, de même que les vers de

choux, les cloportes, les bêtes à mille pattes, les perce-oreilles, les scarabées, les *mans* des hannetons, etc... Un faisandier qui s'intéresse à ses élèves ne doit rien négliger.

Il faut donc, autant qu'on le peut, ajouter quelqu'une de ces friandises à l'ordinaire des faisandeaux, quand, faute de ces inappréciables œufs de fourmis, on en est réduit à la seule pâtée : malheureusement tous ces insectes ne peuvent jamais être qu'un appoint bien faible, lorsque les élèves sont un peu nombreux.

De toutes les pâtées dont j'ai vu faire usage, voici, je crois, la meilleure.

Faire décrever du riz dans du petit lait (la partie liquide du lait caillé), hacher menu des œufs durs (blanc et jaune) et faire du tout un mélange dans la proportion de moitié ; ajouter une bonne poignée de persil également haché, et, si l'on veut, un peu de mie de pain rassis bien émietté. En mêlant tout cela, on obtient une pâte. Pour désagréger tous ces grains, on les saupoudre de farine de maïs, après quoi, comme disent les cuisinières, il ne reste plus qu'à « manier le tout ensemble. »

Ce mélange savant, dont je ne suis pas l'inventeur, a eu les honneurs d'une médaille ou d'une mention à je ne sais plus quelle exposition agricole.

Ce n'est pas à cause de cela que je vous le recommande, mais parce qu'il est doué de vertus toutes particulières, et que j'ai vu mener à bien des couvées entières qui ne recevaient pas d'autre nourriture, si ce n'est quelques extras d'insectes, par-ci par-là.

Il est vrai de dire, toutefois, que les élèves ne se montrent pas tout d'abord très-friands de cette pâtée (et il en est, je crois, de même des autres), surtout s'ils ont débuté dans la carrière gastronomique par leur cher œuf de fourmi ; mais il s'y accoutument peu à peu, et font contre mauvais repas bon ventre. Je dois ajouter aussi que ce sont les faisandeaux soumis à ce régime qu'il est bon de laisser courir dans un jardin ou un petit enclos où croissent des grandes herbes de toute sorte qui leur fournissant de la verdure à discrétion et au milieu desquelles pullulent une foule d'insectes auxquels ils donnent la chasse du matin au soir trouvant ainsi tout seuls celle de toutes les alimentations qui leur convient le mieux. Les chasseurs, assez heureux pour disposer d'un enclos inculte de quelques centaines de mètres, peuvent donc se flatter d'être dans des conditions particulièrement favorables pour mener à bien, presque sans peines et sans accidents, leurs élèves de perdrix et de faisans.

Quelques faisandiers recommandent de mêler à la pâtée du bœuf bouilli haché : j'en ai essayé bien des fois, et mes faisandeaux ont toujours profondément dédaigné cette nourriture; à peine si quelques-uns ont accepté le cœur de bœuf, si cher aux marchands de petits oiseaux.

En prévision d'un nombre considérable d'élèves, on recueille aussi des hannetons que l'on fait sécher au four : les uns disent qu'il faut les donner entiers, d'autres prétendent qu'il est mieux de les écraser; je ne sais. Le fait est que, dans l'un et l'autre cas, les faisandeaux les mangent volontiers; seulement il va de soi que ce n'est pas au bout de huit jours qu'il est possible de les offrir aux élèves, mais bien lorsqu'ils ont déjà acquis une certaine force. Ces hannetons sont encore une ressource à compter.

Il y aurait injustice à passer sous silence l'affreux asticot, l'asticot du pêcheur à la ligne, car, il faut bien en convenir, ces jolis faisandeaux, si pimpants, si gracieux, au bec délicat et si propret, aux petites pattes rosées, ces charmantes créatures à l'œil de diamant, au duvet de velours, mangent, sans répugnance, un puant asticot ! Je leur en ai toujours voulu, pour ma part; mais cela est ainsi.

Je n'entreprendrai pas la description détaillée

« d'une *verminière* », où l'on peut produire en grande quantité ces larves que l'on recueille au milieu de viandes en putréfaction ; je me bornerai à indiquer brièvement qu'il faut superposer, dans une fosse construite *ad hoc*, d'abord une couche de paille hachée, puis une autre de crottin, enfin une troisième de terreau ; par-dessus tout cela on dépose des débris de viandes crues pourries, des intestins de volailles, etc. Les mouches viennent pondre sur ces viandes et les larves pénètrent bientôt à l'intérieur des couches qu'à dessein on a superposées très-légèrement. Il est bien entendu que la verminière doit être tenue à l'abri de la pluie. — Mais je souhaite à votre garde lui-même de n'être pas obligé de recourir à l'emploi de cette sale installation. Pourtant, s'il le faut, il ne doit pas hésiter.

Les asticots provenant de verminières sont habituellement désinfectés au moyen d'un procédé bien simple qui consiste à les mettre dégorger dans du son : quelques éleveurs prétendent que cette précaution est nécessaire ; je la crois au moins utile.

Mais il est un autre moyen également facile et moins répugnant de produire ces larves, qui sont vraiment précieuses quand le nombre des élèves est considérable et qu'on ne peut se procurer des œufs de fourmis en quantité suffisante. Voici ce procédé, qui est depuis longtemps pratiqué dans une propriété de M. Alfred Didot, à la gracieuseté duquel je dois de pouvoir vous en donner la recette. Dans une série de grands vases de grès ou dans des augettes en bois tenues à l'abri, on dépose une certaine quantité de marc de bière en une seule couche, qui ne doit pas dépasser 30 ou 40 centimètres d'épaisseur, non compris un lit de paille hachée servant d'assise. De même que dans la verminière, il faut avoir soin de ne pas trop serrer le marc, de manière que les larves puissent aisément pénétrer au travers de la couche où s'établit promptement une active fermentation.

Les larves ainsi obtenues n'ont pas l'odeur repoussante des asticots provenant des verminières, mais elles possèdent des qualités également nutritives, et les faisandeaux s'en montrent très-friands.

Au bout de trois semaines environ, les élèves commencent à faire une terrible consommation d'œufs de fourmis; il est donc à propos de leur donner un supplément de nourriture devenu indispensable : c'est le cas d'employer la pâtée dont j'ai donné la recette, si on a été assez heureux pour n'avoir pas eu besoin d'y recourir avant cette époque; de même pour les asticots; Ils ac-

cepteront aussi, assez volontiers , un mélange
de petit blé et de sarrasin écrasés avec du pain
émietté, du moha de Hongrie, des œufs durs. —
Mais il est bon de continuer le régime des œufs
de fourmis aux faisandeaux qui paraissent faibles
et souffrants. C'est le meilleur des remèdes, avec
la liberté et la chaleur. — Pour boisson, toujours
de l'eau ferrée, mais avec la restriction que j'ai
dite, et en surveillant les élèves qui pourraient
s'échauffer. M. Leroy recommande, pour les premiers jours, une pâtée au vin sucré; peut-être, à
cette époque, serait-elle également favorable, de
même qu'aux approches de la mue. Du reste, ami
lecteur, si vous tenez à connaître une excellente
méthode d'éducation, applicable surtout aux faisans de volière, lisez M. Leroy, et il vous appren-
dra une foule de choses fort intéressantes et fort
bien observées.

Mais, et voici encore un point essentiel, à mesure que les faisandeaux grandissent, il faut leur
donner plus d'espace. C'est le meilleur moyen d'é-
viter le piquage, cette détestable manie qui coûte
la vie, chaque année, à un grand nombre de faisans renfermés dans des parquets trop étroits. Un
propriétaire de chasse, soucieux du sort de ses
élèves, a donc tout intérêt à faire enclore le jardin de son garde, si, par malheur, ce jardin n'est

fermé que par des haies. Dans ce cas, on peut y laisser les boîtes à élevage, et les faisandeaux y courent en liberté, au grand avantage de leur santé, sans faire de dégâts aux cultures potagères, et ils savent fort bien trouver la boîte de la mère ou ils viennent de temps en temps se réchauffer

Il n'y a que deux précautions à observer : avant tout veiller aux chats (toujours cette diable de bête se trouve en travers des bonnes choses !) et surveiller la croissance des ailes, attendu qu'il faut remettre tout ce petit peuple en parquet couvert, dès que les évasions deviennent à craindre. Un parquet couvert d'un filet à larges mailles et d'une surface d'une vingtaine de mètres carrés est suffisant pour renfermer quinze ou vingt faisandeaux jusqu'à l'époque de la mue, d'autant plus qu'il y a moyen d'agrandir, — en apparence, — l'espace un peu restreint mis à leur disposition. Ce moyen consiste à planter dans l'intérieur des parquets, quelques arbres verts (petits sapins à basses branches, génévriers, etc.) formant comme de petites haies et des massifs çà et là. On ajoute, le long des parois, quelques brassées de branches de chênes garnies de feuilles et des paillassons; de cette façon les oiseaux tournent et courent entre ces différents obstacles, et, décrivant sans cesse des lignes courbes, sont plus occupés, se tourmentent

moins les uns les autres ; les plus faibles, les souf-
fre-douleurs peuvent toujours gagner un abri où
ils échappent au piquage, tandis que dans un parquet nu ils seraient bientôt entièrement dépouil-
lés et même dévorés.

Quelques gardes, prétendant dégoûter les faisans
de cette incurable manie, emploient des frictions
de goudron, d'autres du phénol, d'autres de la
pommade camphrée, d'autres autre chose encore :
rien n'y fait. Ce qu'il y a de mieux, je le répète,
c'est de prévenir le mal en grandissant l'espace
accordé aux élèves, ou de reporter dans un parquet
le trop plein d'un autre. — Dès qu'un faisandeau
est piqué, il faut le séparer de suite et le mettre
en mue : la guérison s'opère sans médecin, la plaie
se cicatrise d'elle-même, à moins qu'elle ne soit
trop profonde, auquel cas il n'y a guère de ressources. Quelquefois c'est un seul faisan qui fait
tout le ravage, il faut tacher de le découvrir et le
séparer des autres.

Quand les faisandeaux acceptent volontiers le
sarrasin et le petit blé, on peut cesser de leur
donner d'autre nourriture : celle-là leur suffit;
mais il ne faut jamais négliger la verdure. A l'approche de la mue, toutefois, il est bon de redonner
de temps en temps de la pâtée, qui est très-
substantielle, échauffante, et d'y ajouter un peu

de chènevis écrasé, surtout si le temps est froid et pluvieux. C'est à cette époque aussi qu'il est bon de veiller aux perchoirs plantés sous le hangar, au fond du parquet, parce que quelques élèves frileux ne manquent pas d'y venir passer toutes les nuits.

Nous voici donc arrivés aux termes de nos efforts, car on peut, sans inconvénient, mettre les élèves au bois dès que les coquelets sont en pleine mue; c'est, à mon avis, le meilleur moment, et j'en dirai la raison : ils sont maintenant assez forts pour vivre en liberté, et l'époque est venue de charger la nature elle-même du soin d'achever l'œuvre que nous avons commencée. — Nos parquets ont cet air de fête qui est la récompense de tous nos soins; nos faisandeaux, maigres, mais vigoureux, grands et longs comme des courlis, s'ébattent joyeusement aux bons rayons du soleil de septembre ou d'octobre : il ne nous reste plus qu'à les mettre au bois.

C'est là une opération capitale, aussi allons-nous-y procéder avec toute l'attention qu'elle réclame, car il serait véritablement désolant, après tant d'efforts, de perdre par une maladresse les fruits précieux de toutes nos peines, et d'échouer au port, par notre propre faute, comme il arrive, hélas! à tant de gens!

Il est aisé de comprendre les raisons de pru-

dence qui conseillent d'attendre, pour lâcher l
faisandeaux, que l'époque de la mue soit bi
prononçée. Si favorable, en effet, que soit po
les élèves l'état de liberté comparé à cet esc
vage dans lequel ils passent les premiers m
de leur vie, si habiles que soient les précautio
employées pour atténuer les effets de la brusc
transition à laquelle ils sont soumis au mom
de la mise au bois, il ne faut pas se dissimuler c
cette transition ne saurait s'opérer sans quelqu
inconvénients ; il est donc indispensable que
faisandeaux aient acquis les forces nécessai
pour franchir sans accidents graves cette pério
de quelques jours pendant laquelle il leur fau
supporter des privations et, peut-être, des so
frances dont leur santé se trouverait gravement
teinte s'ils y étaient exposés dans un âge trop tend
C'est là, certes, la meilleure et la plus série
des raisons qui ont déterminé les plus habi
faisandiers à ne pas devancer l'époque de la m
Qu'il en puisse être autrement dans un parc où
plupart des oiseaux vivent, dès leur naissance,
pleine liberté autour de leur volière, près de
quelle les ramènent chaque jour des soins assid
une nourriture sans cesse renouvelée, je ne s
rais le contester : ceux-là ont fait, dès la so
de la coquille, l'apprentissage de la vie sauva

et ils n'ont pas à se défendre contre les dangers de
toute nature dont sont menacés les élèves qu'on
lâche en plein bois, dont les habitudes et la nourriture sont subitement changées du tout au tout, et
sur lesquels ne saurait être exercée une égale
protection, quel que soit le dévouement du
garde.

Certains chasseurs, exagérant les scrupules que
je viens d'exposer, conseillent de garder les élèves
en parquet jusqu'à la fermeture. Ces chasseurs-là
en parlent bien à leur aise. Nous avons vu déjà
qu'il était à peu près indispensable, pour les conserver jusqu'à l'époque de la mue, d'agrandir l'espace mis à leur disposition. Cette nécessité devien-
drait plus impérieuse encore si l'on voulait attendre jusqu'au mois de février. Si vous possédez de
vastes faisanderies, si vous disposez d'installations
suffisantes, libre à vous de mettre ces conseils en
pratique. Pour moi, je sais trop combien il est préférable de se débarrasser des élèves aussitôt qu'on
peut le faire sans courir des risques sérieux, pour
ne pas avoir à cœur de vous prémunir contre l'a-
doption d'une méthode dont le moindre inconvénient est de vous astreindre, sans utilité démontrée, à continuer pendant quatre longs mois des
soins très-absorbants et, somme toute, assez coûteux.

Quelquefois on s'abstient de mettre au bois les poulettes, livrant ainsi les seuls coquelets aux hasards, aux dangers de la vie sauvage et aux plaisirs des chasseurs. Il faut bien reconnaître que cette pratique a du bon, car elle sauve la vie à bon nombre de ces pauvres poules qui sont rarement épargnées. Mais voici le revers de la médaille : les poulettes ainsi conservées en parquet jusqu'à la fermeture n'auront jamais, au point de vue de la reproduction, les mêmes qualités que celles qui auront goûté pendant quelques mois de la vie sauvage et se seront acclimatées ; de même une poule sauvage, née dans le bois, vaudra toujours trois ou quatre poules de repeuplement. Avis aux tueurs de poules.

En suivant avec attention la méthode à employer pour la mise au bois, on se rendra mieux compte de l'importance de ces diverses observations.

Selon le nombre d'élèves dont sont garnis ses parquets, le garde doit à l'avance préparer ses *places*. C'est bien, entendu, vers le centre de la propriété qu'il doit se mettre en quête des endroits favorables. Au milieu d'un taillis de six à huit ans, il fera choix d'un jeune chêne peu élevé et garni de quelques branches à six ou huit pieds du sol : tout à l'entour de cet arbre, dans un rayon d'une dizaine de mètres, plus ou moins, il enlèvera les cépées de basses branches, il dégarnira le terrain des grandes herbes, ronces et bruyères ; après quoi, sur cette PLACE ainsi nettoyée, il sèmera quelques poignées de sarrasin qui sortiront de terre, très-vivaces, dès les premières pluies de septembre ou d'octobre. — Autant il aura de compagnies de faisandeaux à lâcher, autant il préparera de *places*, car les élèves qui ont grandi ensemble s'éloigneront moins et se chercheront les uns les autres pendant les premiers jours.

Quand tout est ainsi préparé, on choisit un beau jour ou plutôt une belle nuit (belle pour la saison, s'entend), car ce n'est qu'après le coucher du soleil que doivent être lâchés les élèves. On les apporte au bois dans un panier soigneusement couvert; on prend à la main chacun des faisandeaux et on les pose, les uns auprès des autres, sur des branches assez élevées pour qu'ils n'aient pas à redouter les atteintes des renards, contre lesquels, malgré les destructions opérées, il est toujours prudent de se tenir en garde. Jamais on ne doit poser les élèves à terre. Avant de les brancher, on a pris soin de répandre sur la *place*, au-dessous de l'arbre qui sert de perchoir, une copieuse provision des graines dont les faisandeaux sont le plus friands, et qu'ils trouveront le lendemain matin à leur réveil, en même temps qu'une terrine d'eau enfoncée en terre.

Quelques chasseurs veulent qu'on mette les élèves au bois par un beau clair de lune. Je ne suis point de cet avis, parce que j'ai vu, plusieurs fois, pendant qu'on les branchait, s'envoler des faisandeaux, sans doute éblouis par la lumière, trop vive au sortir du sombre panier dans lequel on les avait apportés. Or j'attache une véritable importance à ce que les élèves qui se connaissent de longue date, qui, depuis leur naissance, ont vécu sous le même toit se retrouvent le matin après cette première nuit passée au bois : de cette façon, je le répète, ils s'éloignent moins. Soyez convaincu que leur instinct vagabond les entraînera bien assez vite loin de l'endroit que vous aviez choisi ! C'est pour la même raison qu'il est important de bien approvisionner leur table, non-seulement sur la *place* préparée par le garde, mais encore çà et là aux environs, aux carrefours des routes, aux divers croisements des sentiers et des routins qui coupent le bois, sur les places à charbon, etc.

J'ai vu des gardes assez amoureux de leur métier, assez jaloux d'obtenir de bons résultats, pour construire eux-mêmes de petits toits en chaume au-dessus des branches de l'arbre destiné à servir de perchoir aux élèves pendant la première nuit. Un

garde qui prend un tel souci de ses élèves est certainement un excellent serviteur ; mais c'est là une
précaution superflue, parce qu'il est rare, quelques
soins qu'on prenne et quelques friandises dont soit
garnie leur table, que les faisandeaux reviennent
se brancher sur l'arbre même où on les a mis le
premier soir : ils restent dans les environs, et c'est
déjà fort joli. C'est bien plutôt à leur garde-
manger qu'ils reviennent rendre visite.

Ai-je besoin de dire que, si les *places* peuvent
être choisies dans le voisinage d'une mare, la chose
est au mieux, car autrement il faut avoir grand
soin d'entretenir les plats toujours approvisionnés d'eau, et ce n'est pas, quelquefois, une petite
besogne.

Ceci m'amène à parler d'un moyen souvent employé pour conserver, pendant quelque temps,
dans les bois qui en manquent, l'eau qui est absolument nécessaire aux faisans. — Au bas d'une
déclivité de terrain, on construit une sorte de talus au moyen d'un tronc d'arbre, de manière à
former sur une certaine longueur un petit fossé
de deux ou trois pieds de profondeur; on garnit ce
petit fossé soit d'une couche de béton, soit d'une
auge en planches, et on y fait descendre, en zigzag,
une rigole qui amène l'eau en temps de pluie. J'ai
vu de petits abreuvoirs ainsi construits rendre de

véritables services. Mais je dois ajouter qu'il ne faut pas choisir, pour les installer, le bas d'une pente trop rapide, sur laquelle les terres et les cailloux seraient facilement entraînés en cas d'orage, ce qui ne manquerait pas de combler bien vite le fossé : c'est pour la même raison, ou du moins pour atténuer autant que possible cet inconvénient, que la rigole destinée à amener l'eau jusqu'au réservoir doit être creusée en zigzag et non tout droit.

Voilà nos faisandeaux au bois et l'œuvre de l'éleveur achevée. C'est au chasseur à faire le reste.

On m'a demandé, de divers côtés, de donner un aperçu des dépenses auxquelles peut s'élever l'installation des parquets d'élèves et d'établir le prix de revient des faisandeaux. Je n'entends pas grand'-chose aux chiffres, mais voici ce que je puis dire.

Les parquets construits sur le modèle de ceux que j'ai décrits ne coûtent pas plus de 10 francs en moyenne ; on peut, en effet, employer des lattes et des planches de la moindre valeur, des clôtures en genêts, etc. (disons toutefois que, si l'économie est une bonne chose, on n'en peut dire autant de la parcimonie). Admettons que vous ayez dix parquets, cela fait donc. . . . . 100 fr.

Mettons douze poules faisanes et trois coqs à 12 fr. l'un, en voilà pour 180

A reporter. 280

Report..... 280 fr.

Douze poules couveuses à 4 fr. (1). . .   48

Boîtes à élevage, parquets volants, quelques filets à grandes mailles, etc., etc. . .   100

Ensemble. . . .   428 fr.

Voilà donc le montant de vos dépenses de premier établissement.

Maintenant disons un mot des dépenses d'entretien, nourriture des faisans reproducteurs, des poules, des couveuses d'emprunt. Il n'est pas aisé d'évaluer exactement ces dépenses, parce que le prix des grains varie beaucoup. Toutefois de l'avoine pour les poules si vous entretenez un poulailler; du petit blé mêlé d'un peu de sarrasin pour les reproducteurs, un boisseau de chènevis pour ces derniers, au commencement du printemps, tout cela ne coûte pas bien cher, et si j'en juge par ce qui se passe chez moi, je suis assuré de me montrer large en inscrivant pour cet objet une somme de 150 à 200 fr.

Or, comptons que chaque poule faisane donne une moyenne de 16 œufs (c'est un nombre qu'on peut fort bien obtenir avec de bonnes reproductrices), pour 12 poules, cela fait 192, mettons 200.

(1) Je suppose ici, bien entendu, l'emploi de couveuses d'emprunt, car pour avoir douze couveuses disponibles au bon moment, il faudrait naturellement compter plus de douze poules.

— Admettons maintenant une perte de 10 pour 100, afin de tenir compte des œufs clairs, des accidents, etc., nous aurons donc 180 éclosions. Supposons encore que sur ce nombre vous perdiez 40, 50 ou même 60 élèves (et si votre garde est habile, ou simplement soigneux, il se chargera de vous prouver que j'exagère); restent donc 120 faisandeaux qui, au jour de leur naissance, vous auront coûté 150 fr., chiffre auquel nous avons évalué les dépenses d'entretien spéciales aux reproducteurs et aux couveuses : marquons donc..... 150 fr.

Mais il faut ajouter à ce chiffre le prix de la nourriture des faisandeaux eux-mêmes : pâtées, récolte des œufs de fourmis, si le garde a besoin d'être aidé dans cette tâche, etc..., vous m'accorderez bien, je pense, que je compte encore largement en faisant figurer cette dépense pour........................ 150 fr.

Le total est donc de............... 300 fr.

Je néglige les intérêts du *capital d'établissement*. Faut-il le compter, chasseur? Ce capital de 400 fr. environ vous coûtera 20 ou 25 fr. par année; mais il vous rendra le centuple en plaisirs.

Il résulte donc de tout cela que si vous avez 120 faisandeaux pour 300 fr., chaque oiseau vous reviendra à 2 fr. 30. Est-ce trop ? — Et soyez con-vaincu qu'ils coûtent beaucoup moins cher à ces fermiers qui vous offrent pour 3 fr. des faisandeaux de six semaines, et à 20 sous de beaux perdreaux pouillards : il est vrai que la plupart du temps, en passant de la ferme dans vos bois ou dans votre plaine, faisandeaux et perdreaux se retrouvent sur le terrain où ils ont été pondus. Ce n'en est pas moins un bon marché qu'il faut toujours conclure à l'occasion, bien qu'il soit certainement pénible de payer à un voleur l'objet même qu'il vous a volé. La philosophie a du bon.

Tel garde qui dépensera 1,000 fr. s'il agit seul, à sa guise, sans compter, sans méthode précise, sans contrôle, obtiendra de meilleurs résultats avec la moitié de cette somme, s'il lui est tracé des règles simples, faciles à suivre et, surtout, s'il se sent surveillé. Il ne suffit pas, en effet, de dire à un garde : Voici des poules faisanes ; quand elles pondront, vous ferez couver les œufs et vous lâcherez les élèves quand vous le croirez bon. C'est pourtant ce que font bien des chasseurs : aussi que de sottises, et que de déceptions ! Puis on conclut, naturellement, que l'élevage du faisan est une opération dérisoire et ruineuse. On se rejette sur le repeuplement en fin de saison. La même ignorance préside encore à cette autre ten-tative : on met au bois, sans précautions et sans

souci, des faisans de volière achetés à la diable ;
rien de ce qui est nécessaire pour les retenir et les
protéger n'est observé par ce même garde, sur
lequel on s'en repose aveuglément ; et quand est
venu le mois d'août, vous apprenez que « *les couvées ont manqué*, mais qu'*on voit toujours les mères*. » Attendez l'ouverture des bois, et vous m'en
direz des nouvelles.

Au prix de revient des élèves, je suis d'avis qu'il
convient d'ajouter une gratification pour le garde,
afin de l'encourager à s'appliquer à l'éducation du
faisan. La surveillance de la chasse, la destruction
des bêtes nuisibles et l'élevage du gibier, voilà,
en somme, les fonctions du garde. La surveillance
est payée par les appointements fixes ; la destruction des bêtes de proie est récompensée par des
primes ; il faut, pour achever l'œuvre, donner
également une prime par chaque tête de gibier
d'élève. Le taux de cette gratification ne saurait
être déterminé ici, chacun devant le fixer en
tenant compte de conditions particulières ; mais
certainement, à tous les points de vue, de
grosses primes et de petits appointements valent
mieux que de gros appointements et de petites
primes.

Maintenant, si quelques-uns des chiffres que je
viens de poser peuvent donner lieu à certaines
critiques, si les résultats obtenus sont loin, géné-

ralement, d'être aussi favorables, je dirai que, neuf fois sur dix, la cause en est dans la mauvaise organisation des installations, et surtout, et avant tout, dans le défaut d'expérience, dans la négligence, pour ne pas dire dans le mauvais vouloir des gardes auxquels est confiée cette tâche délicate d'élever des faisans. Je sais, parbleu, aussi bien que personne, qu'il est rare de produire des faisans aux conditions de prix que je viens d'indiquer, mais c'est précisément ce dont je me plains. D'ailleurs, cherchez vous-même et vous verrez que la cause de l'insuccès est celle que je signale. Votre garde reçoit un salaire qui lui permet de vivre ; vous ne lui donnez aucune gratification pour ses élèves, qu'a-t-il à faire de prendre toute cette peine ? C'est par l'intérêt qu'on mène les hommes en général et les gardes en particulier.

Peut-être vous dira-t-on que le chiffre de 16 œufs par poule faisane est un peu élevé. Répondez que ce chiffre n'a rien d'exagéré, tout au contraire ; attendu que si vous choisissez avec soin vos reproducteurs, si vos faisanes sont bien portantes, âgées de un et deux ans, si elles reçoivent des soins et une nourriture régulière qui les maintienne en bon état sans les pousser jusqu'à la graisse, vous pourrez être assuré que pour une poule qui vous donnera 10 à 12 œufs seulement, une autre, plus vigoureuse ou plus féconde, en pondra quelquefois jusqu'à 25 ou 30. J'ai obtenu fréquemment des pontes dépassant ce nombre respectable, et la moyenne doit être au moins ce que je dis. En 1868 une seule poule m'a donné 43 œufs.

Êtes-vous d'avis que j'ai porté pour les dépenses des chiffres trop faibles ? Ne le croyez point. Que votre garde ne gaspille pas, qu'il ne traite pas votre bourse en pays conquis, qu'il s'acquitte de sa tâche avec une scrupuleuse probité, et vous reconnaîtrez que je suis dans le vrai. Je veux bien être généreux, mais je me croirais un sot en me laissant voler par un drôle qui prend sa fourberie pour de l'intelligence, ma faiblesse pour de la sottise, qui se moque d'autant plus que je lui témoigne plus de confiance et que je le paye davantage. Vous en connaissez de ceux-là, n'est-ce pas ? J'en connais comme vous, et quelque jour, sans doute, je vous en présenterai un qui est un véritable phénomène, phénomène très-instructif, croyez-le.

Pour en finir avec les faisans, il nous reste à parler de la reprise des poules et des faisans de repeuplement.

Dans les chasses en sociétés, la reprise des poules préoccupe souvent un titulaire soucieux de la conservation du faisan. Dès l'ouverture des bois, voici ce qui se dit et... ce qui se passe :

—Messieurs, vous savez qu'on ne tire pas les poules ? — Parfaitement, cher président, rien de mieux ; soyez en paix. — On n'est pas plutôt en chasse que les rabatteurs, bien dressés, poussent à pleins poumons cet avertissement prohibitif : « *Poule! poule!* » La réponse ne se fait point attendre : — *Pif, paf!* — *Pan, pan!* — *Pan !* Et la voilà qui dégringole. Et n'est-ce pas vous, souvent, président de mon cœur, qui avez ouvert le feu?

Un jour qu'il gelait à pierre fendre, nous venions de terminer un rabat, et chacun marchait à grands pas vers une nouvelle enceinte. Un des traqueurs, qui s'était attardé, coupait à travers bois pour rejoindre ses camarades; le pauvre diable était couvert d'une peau de bique. Tout à coup éclate un coup de fusil; notre traqueur poussant des cris de paon se jette à terre : heureusement, mon Dieu! car, une seconde après, malgré les cris du pauvre diable, le même tireur redoublait avec du triple zéro, et la charge tout entière allait cribler un chêne au-dessus de la tête du blessé. — Donc, il est bon de se mettre en garde contre les autres et contre soi-même.

Rien n'est plus aisé que de reprendre les poules; mais quand on est obligé d'en venir à cette désagréable mesure, encore faut-il attendre que les faisandeaux puissent se passer de leur mère! C'est donc généralement après l'ouverture des bois et après un certain nombre de massacres qu'on se résigne à pratiquer cette opération ; ailleurs, dans un but de préservation très-bien motivé, on reprend les poules dès avant l'ouverture. — Mais si vous pouvez prendre sur vous d'épargner vos reproductrices, laissez-les au bois; c'est certainement ce qu'il y a de mieux. Pour ceux qui ne voudraient pas s'en fier à leur sagesse, je dois cependant indiquer la manière de procéder.

Aux divers endroits où se fait habituellement l'agrainage, et où il est aisé de constater que les faisans ont l'habitude de venir prendre leurs repas, on dispose un piége composé d'un grand panier d'osier, appuyé sur un bâtonnet reposant lui-même sur un quatre de croix. Chacun a sa méthode pour échafauder ce piége. Le panier doit être large, mais sa hauteur ne doit pas excéder 30 à 35 centimètres ; plus les parois *sont* épaisses, *mieux cela vaut,* parce que les prisonniers restent dans l'obscurité et ne se fatiguent pas en efforts dangereux pour sortir de leur prison. Le plus souvent on prend une cage à poules, qui fait assez bien l'affaire. C'est là, n'est-ce pas, un piége tout à fait élémentaire? Quand il est tendu, on jette dessous le grain destiné aux faisans, et le premier oiseau qui met la patte sur le quatre de croix est un oiseau pincé. On garde les poules et on rend la liberté aux coqs.

Reprise des Poules.

Tout d'abord, cet engin éveille la méfiance des faisans, qui ne s'en approchent guère; mais on se fait à tout. Du reste on les y amène au moyen de traînées. Il est bon, toutefois, pendant les premiers jours, et afin d'exciter leur confiance, de les laisser prendre en paix leur repas sous ces perfides paniers. Il suffit, au lieu de poser le quatre de croix, d'enfoncer solidement en terre le bâtonnet qui soutient l'édifice. Quand on a constaté qu'ils viennent sans crainte y prendre leur provende journalière, on met les choses en état, et il est rare que chaque matin, en faisant sa tournée, le garde ne trouve pas quelque prisonnière à transporter dans le parquet spécial construit pour les faisans repris dans le bois.

Ce parquet ne diffère des parquets d'élèves qu'en ce qu'il est construit en planches pleines et recouvert d'un filet à demeure, à mailles larges. Les parois en planches sont nécessitées par la sauvagerie des prisonnières qui s'enlèvent furieusement à la moindre approche, et se blessent souvent. L'intérieur est garni de perchoirs plantés en plein air et sous le petit hangar du fond. Quelques arbres verts et quelques brassées de branches de chênes sont utiles pour servir d'abri aux oiseaux dans les grands froids. La nourriture des captives est la même que celle des reproducteurs. On leur donne quelquefois un ou deux coqs, dans l'intention de charmer leurs tristes journées ; mais à quoi bon, puisque ces poules seront remises au bois dès le jour de la fermeture ? A cette occasion, il est utile de rappeler que le garde doit s'assurer du nombre des coqs échappés aux massacres, ce nombre devant être en proportion de celui des poules, car, par une bizarrerie singulière, il arrive très-fréquemment que les poules vont chercher les coqs du voisin et ne reviennent pas. Si les coqs avaient la moindre notion du savoir-vivre, c'est le contraire qui devrait être, et, sous ce rapport, le faisan est tout à fait inférieur au chevreuil.

J'ai connu une chevrette qui avait élu domicile dans un parc fort mal clos, voisin de la forêt de Rambouillet ; cette chevrette, bien entendu, avait un mari. Un jour, sur l'ordre de sa maîtresse, le garde tue le brocard : trois semaines après, la chèvre était revenue à ses chers pénates avec un nouvel époux. Le malheureux ne jouit pas longtemps des douceurs de la lune de miel, car huit jours à peine s'étaient écoulés qu'il était allé rejoindre son prédécesseur dans les cuisines du château de V... Nouvelle absence de la chevrette, nouvelles épousailles, et, quelque temps après, la pauvre bête avait ramené, dans les bois de Saint-B..., l'objet de ses nouvelles amours. Ce troisième brocard eut le sort des deux premiers, et je ne sais combien de temps eût duré ce manége si une catastrophe ne fût venue terminer tristement cette touchante odyssée. Pour la quatrième fois, la chevrette s'était mise en quête d'un maître et seigneur, et elle n'avait pas tardé à trouver son affaire ; après quoi elle était venue s'établir, confiante, dans un jeune taillis, à un kilomètre du château. Cette fois on avait résolu de la laisser jouir en paix de l'objet de sa persévérante passion pour l'état de chevrette en puissance de brocard. Mais un ami de la maison, fort pauvre chasseur, ayant exprimé le désir de pousser jusqu'au bout l'expérience et ayant déclaré vouloir se charger « lui-même » de ce dernier brocard, Mme la comtesse de T..., tout à fait décidée par ce dernier motif, finit par céder aux instances du jeune homme. Le lendemain, posté par le garde auprès d'une coulée, X... ne tarda pas à voir venir à lui les deux jolies bêtes, qui marchaient d'assurance : il manqua le brocard à vingt pas, puis, de dépit, lâchant son second coup sur la chèvre, qui bondissait à 60 mètres au travers du taillis, il l'atteignit si malheureusement qu'elle roula foudroyée. Les filles du pays l'avaient surnommée *l'enjoleuse*.

Ne comptez pas que vos poules faisanes vous rendront les mêmes services.

Pour les faisans de repeuplement on doit les lâcher de la même façon que les élèves et dans les mêmes conditions ; mais il est moins facile de les brancher, parce qu'ils sont plus sauvages et qu'ils se défendent vigoureusement. Quelques gardes les endorment, ou du moins les étourdissent en leur plaçant la tête sous l'aile et en les berçant comme on fait d'un enfant. En tous cas, c'est par une nuit sombre qu'il faut les porter au bois, de peur qu'il ne s'écartent ; il faut, en outre, autant que possible, éviter de les poser à terre, où ils peuvent être surpris par une simple belette.

Les faisans sauvages, provenant de bois où ils ont été panneautés en vue du repeuplement, sont de beaucoup préférables aux faisans élevés en volière, lesquels ne sachant ni chercher leur nourriure, ni se préserver de l'attaque des fausses bêtes, réclament des soins bien plus assidus et courent beaucoup plus de dangers. Quelques maisons, à Paris, font venir d'Angleterre, mais surtout de Bohême, si je ne me trompe, des faisans qui sont dans de bonnes conditions... quand il sont effectué sans accident leur long voyage. — Mais, avant de prendre livraison, il faut ouvrir l'œil : j'ai connu un garde qui, sur une douzaine de faisans, avait reçu trois ailes et une patte cassées. C'est trop.

D'autres gardes, dans le but de retenir les oiseaux

de repeuplement dans les environs de l'endroit où ils les lâchent, leur arrachent tout bonnement la moitié des grandes plumes d'une aile : de cette façon, disent-ils, les faisans ne peuvent s'échapper tout à coup le matin et quitter le canton d'un seul vol. Ceci n'est point une raison sérieuse, et la pratique recommandée par ces gardes est de tous points détestable; n'eût-elle d'autre inconvénient que de diminuer les seuls moyens de défense que l'oiseau puisse opposer aux bêtes de proie, en alourdissant son départ et en raccourcissant la portée de son vol, cela serait déjà fort suffisant pour la faire rejeter.

Quand les faisandeaux ont l'aile faible et ne font encore que de courtes volées, le renard les suit de l'œil et se livre à des requêtés savants dans la direction qu'ils ont prise. Cette année encore, un beau matin, j'ai été témoin de ce fait. Je suivais un sentier traversant une riche plaine encadrée de bois giboyeux. Tout à coup, à deux portées de fusil, une dizaine de faisandeaux s'enlèvent et, précédés de leur mère, vont s'abattre 100 mètres plus loin, sur la lisière d'un taillis de l'année. Un instant après, parvenu moi-même sur le bord du fossé qui sépare la forêt de la plaine, j'aperçus un beau renard, nez et panache au vent, qui, sortant en tapinois du champ de blé où il avait jeté le trouble, disparut bien vite dans le taillis. Me doutant de ce qui allait se passer, je hâtai le pas, ouvrant l'œil et l'oreille, mais j'arrivai trop tard. Toute la compagnie, **qui** avait gagné la limite d'un grand bois, se leva de nouveau ; et j'eus le temps d'entrevoir, au travers des maigres cépées, le brigand s'enfuir emportant une victime. Il en est certainement de même pour la plupart des faisans auxquels on arrache les plumes d'une aile, sous prétexte de les empêcher de s'éloigner. Notez d'ailleurs qu'en agissant ainsi, on n'empêche absolument rien, car, s'ils volent moins bien, vos oiseaux n'en courent que mieux ; et, quand le faisan s'égare, c'est le plus souvent en filant à pattes.

Si l'on n'a pu se procurer que des faisans élevés en volière, il faut donc redoubler de soins, les approvisionner copieusement, et ne point ménager pendant quelque temps le sarrasin, l'orge, le marc de raisin, le petit blé. Quelquefois on répand du sel de morue, voire de la morue coupée en petits morceaux : j'ai eu longtemps confiance dans les mérites particuliers de cette morue ; aujourd'hui je pense qu'elle ne vaut pas un agrainage raisonné.

Quand les faisans trouvent dans un bois toutes les conditions que nous avons indiquées, quand ils y sont suffisamment protégés, quand on sait les y retenir à l'aide d'une nourriture suffisante, quand ils ne manquent pas d'eau, ils y prospèrent parfaitement et s'y reproduisent dès la première année.

Mais il est évident que, si le propriétaire d'une chasse ne combat pas par quelques soins cet instinct d'aventures qui porte le faisan à s'éloigner ; si, dès l'ouverture des chasses de bois, ce farouche gibier est tourmenté par des battues incessamment renouvelées ; si, surtout, cette pratique désastreuse du massacre des poules est tolérée ; si quelques rengiboiements ne sont pas opérés en fin de saison pour combler les vides ; si l'élevage est abandonné après un essai à moitié réussi ; si le chasseur recule devant les modestes dépenses dont j'ai donné un aperçu ; si les bêtes puantes ne sont pas impitoyablement traquées ; si les mares ne sont pas entretenues ; si vraiment toutes ces fautes sont commises ;... alors, oui, j'en conviens, il faut renoncer au faisan et s'en tenir à la triste réalité.

D'ailleurs, si l'on n'entre pas énergiquement dans la voie du repeuplement, du rengiboiement, la chasse en France est perdue. Ah ! chasseurs, mes amis, vous ne voulez pas absolument faire vos affaires vous-mêmes, vous attendez (sous l'orme, pour l'instant,) d'un remaniement de la loi sur la chasse, un remède souverain qui vienne arrêter le dépeuplement fabuleux de nos campagnes. Eh bien ! laissez-moi vous le dire, si c'est là véritablement votre dernier espoir... ajoutez-y celui-ci, dans quelques années, ce sera beau de pouvoir dire, en rentrant le soir : J'ai tué dix alouettes, comme on dit aujourd'hui : — J'ai tué six lapins, deux faisans et deux lièvres.

Chez nous, c'est le chasseur bien plutôt que la loi qu'il faudrait modifier.

Ce travail ne serait pas complet si je passais sous silence un oiseau exotique, encore inconnu en France il y a une vingtaine d'années, et qui est susceptible de s'acclimater chez nous au même degré, que le faisan. — Je veux parler du *colin*, — dont on compte plusieurs espèces (colin ho'-houi, colin huppé de Californie, etc.) qui toutes semblent appelées à prospérer, non-seulement dans les pays qui conviennent à la perdrix rouge, mais encore dans la plupart de nos forêts ou de nos bois entrecoupés de plaines.

Ce charmant gallinacé, très-vigoureux, très-rustique, supporte sans peine les rigueurs de la froide saison. Il est en même temps d'une extrême fécondité ; il ne niche pas en plaine comme la perdrix (avantage incomparable), et il n'exige pas les mêmes soins que le faisan. A tous ces titres qui le recommandent au chasseur, le colin joint le mérite d'être un manger fort délicat.

La reproduction en volière est facile, soit qu'on enlève les œufs à mesure de la ponte pour les confier à de petites poules couveuses (et dans ce cas on peut obtenir, en deux pontes, une soixantaine d'œufs), soit qu'on laisse à la femelle le soin d'élever elle-même sa petite famille.

Les essais d'acclimatation qui ont été tentés jusqu'ici ont donné des résultats encourageants, et le succès semblerait assuré à de nouvelles expériences, s'il n'était encore à craindre que cet oiseau ne soit possédé d'un instinct un peu vagabond.

De nouvelles expériences semblent donc nécessaires au point de vue de l'acclimatation proprement dite de ce charmant oiseau, qu'il serait si désirable de voir se multiplier en France au moment où la perdrix, cette reine bien-aimée de nos gibiers de plaine, semble appelée à disparaître dans un temps trop rapproché.

Ajoutons qu'un couple de colins vaut aujourd'hui 30 francs environ, ce qui n'est pas un prix exagéré si l'on tient compte de la fécondité exceptionnelle de ce gibier.

Je ne veux pas m'étendre davantage sur le colin, car ici je m'adresse plutôt aux favorisés de la fortune qu'au modeste chasseur à qui ce travail est dédié ; mais il est permis de dire qu'en lâchant à l'automne, sur un terrain favorable et soigneusement gardé, les élèves obtenus en volière la première année, on est en droit d'espérer un résultat dès la saison suivante.

Lièvres. — Il y a plusieurs années, un de mes amis, grand amateur de chasse (j'entends de belles chasses), voulut repeupler ses bois ; les lapins y étaient en abondance, mais le nombre des lièvres ne lui paraissait pas suffisant. Partisan décidé des grands moyens, et ne comptant jamais avec la dépense, M. de V.... demanda à un intermédiaire de lui faire envoyer d'Allemagne une centaine de lièvres, dont soixante-dix ou quatre-vingts hases. Il n'est guère possible, en pareille matière, de stipuler un délai de livraison : aussi, malgré les protestations du vendeur et des réclamations réitérées, l'envoi mit-il plus de cinq semaines à parvenir au garde de M. de V...., et dans quelles conditions, bon Dieu ! D'abord, au lieu de cent lièvres, les paniers n'en contenaient guère qu'une quarantaine ; en outre, dans ce nombre, le sexe faible n'était certes pas en majorité ; enfin, sans compter les morts et les mourants, que d'éclopés, ô saint Hubert ! Des borgnes, des boiteux, des pelés, des paralytiques ! En somme, une vingtaine de bêtes valides et à peu près autant de... prétextes à civet. C'est le seul envoi d'Allemagne au déballage duquel j'aie assisté personnellement. Si tous se font dans les mêmes conditions, ce n'est pas engageant.

Je dois dire cependant que quelques propriétaires ont été plus heureux, et moi-même j'ai tué plusieurs fois, aux environs de Paris, des lièvres dont la nationalité tudesque était incontestable, à ce point qu'un de nos jeunes camarades de chasse, un peu traqué par ses créanciers, prétendait que ces lièvres étaient impropres à tout autre usage qu'à *faire des... impolitesses* à un fournisseur grincheux.

Bref, autant il est aisé de faire du lapin, autant le repeuplement en lièvres présente de difficultés, quand il s'agit de trouver de bons reproducteurs.

Il est certain qu'il y a beaucoup à tenter sous ce rapport, et que ce serait une industrie lucrative si l'on pouvait produire artificiellement (passez-moi le mot) des lièvres comme on produit des lapins.

Quelques marchands de gibier, à Paris, se chargeront de vous en procurer le nombre de reproducteurs qui vous sera nécessaire, pourvu toutefois que vous n'en demandiez pas un nombre trop considérable, et que vous vous montriez accommodant sur le prix. Ces lièvres viennent d'Allemagne le plus souvent. Au bout de quelques générations, et, sans aucun doute, après nombre de croisements avec leurs congénères indigènes, ces animaux se rapprochent, comme type et comme goût, du lièvre de nos pays. Au bout de quelques années, il ne reste guère que les rares survivants des reproducteurs importés qu'il soit encore aisé de reconnaître, bien qu'ils aient en partie perdu ce pelage sombre et grossier, cette toison longue et roussâtre qui caractérise les lièvres d'outre-Rhin.

Quand il ne s'agit pas d'un grand repeuplement, le garde peut se procurer quelques levrauts de temps à autre, à l'époque des portées, c'est-à-dire pendant la moitié de l'année. Il va sans dire qu'il est peuéril d'acheter des levrauts nés en plaine à cent mètres des bois ; pourtant c'est là ce qui a lieu les trois quarts du temps. Ces lièvres seraient venus s'installer d'eux-mêmes chez vous le lendemain de l'ouverture, s'ils avaient eu la chance d'échapper au grand massacre. Quand la chasse est libre dans les plaines bordant des bois bien peuplés de lièvres, le jour de l'ouverture coûte la vie à un grand nombre de ces pauvres bêtes qui depuis de longs mois, ayant vécu en plaine sans accidents, sinon sans terreurs, comptent, pour échapper au chasseur, sur la vitesse de leur course qui leur a permis maintes fois d'échapper aux moissonneurs, aux bergers et à leurs chiens. Les jeunes ne connaissent pas le coup de fusil, les vieux l'ont oublié.

Il ne faut jamais accepter de levrauts trop petits. Il est indispensable qu'ils puissent se passer de leur mère car il ne faut pas compter quelques rares sujets élevés au biberon, c'est-à-dire au lait de vache. D'un autre côté, c'est plus qu'une imprudence de làcher un levraut d'un mois ; on les conserve donc pendant quelque temps, soit dans un tonneau, soit dans quelque cabane à lapins. On a toujours sous la main la nourriture qui leur convient, trèfle, luzerne, etc.; on peut y ajouter quelques croûtes de pain, un peu d'avoine ou du petit blé, des carottes, des pelures de pommes et mille autres friandises *ejusdem farinæ*.

Quand un levraut pèse une livre et demie environ, il peut être mis au bois sans inconvénient ; mais il faut compter qu'il fera de temps en temps l'école buissonnière, en allant au gagnage, et si l'on est au mois de juillet ou d'août, et qu'il trouve une pièce de luzerne ou de betteraves à sa convenance, dame ! il peut fort bien se faire qu'il y reste, et que de là il aille courir ailleurs.

Je ne suis point de l'avis de ceux qui prétendent que le levraut est sédentaire. Oui, si vous entendez qu'il ne s'écarte pas à vingt kilomètres ; non, si vous prétendez qu'il reste ou qu'il revient régulièrement dans la même pièce. Tout au contraire, le levraut change beaucoup de place, il *remue*, comme disent les gardes ; et ce n'est pas un jeune levraut, mais un vieux bouquin ou une vieille hase que vous verrez revenir plusieurs jours de suite dans le même champ et *dans le même gîte*. Les chasseurs de plaine le savent bien. A une certaine époque, dans les plaines du Calvados, par exemple, quand un bon chasseur découvre un gîte, il ne manque pas de venir le visiter chaque fois qu'il passe dans les environs, et s'il y trouve quelque chose, c'est un lièvre adulte et non pas un levraut. Je ne voudrais pas cependant que cette assertion fût prise dans un sens trop absolu : il y a gîte et gîte. Tenez, .en voici un, là, dans ce guéret : voyons un peu. Rien ; pas d'égratignures à l'endroit qu'occupaient les pattes de derrière de l'animal au moment où il s'est levé ? Tant mieux ; c'est qu'il est parti tranquillement sans avoir été inquiété ; celui-là pourra revenir à son gîte. Mais si, au contraire, les ongles sont profondément imprimés dans la *forme*, c'est qu'il a bondi d'effroi ; peut-être a-t-il reçu un coup de fusil, peut-être a-t-il été poussé par un chien. Dans ce cas, il est peu probable quil revienne à ce même gîte, ou, s'il y revient, il ne se laissera pas approcher.

Les habitudes du lièvre, pour être régulières, n'en sont pas moins assez... embarrassantes quand il s'agit d'en tirer parti au point de vue du repeuplement. Le bouquinage, certes, est une époque favorable, et celui qui pourrait imaginer une sorte d'enclos dans lequel seraient retenues un certain nombre de hases en chaleur, aurait bientôt amené sous les murs de la prison de ces dames le plus grand nombre des soupirants de tout un canton. J'ai connu un chasseur habile, doublé d'un observateur très-perspicace, qui avait trouvé moyen de résoudre le problème et d'exploiter à son profit les infatigables ardeurs des bouquins. Le chemin que fait en une nuit un bouquin à l'époque du bouquinage, les combats qu'il livre, les coups de dents qu'il donne, les giffles qu'il reçoit, tout cela est presque incroyable.

Donc, dans un enclos en lattes de 5 à 6 hectares d'étendue, mon chasseur avait fait ménager de place en place de petites entrées, fermées à l'intérieur par un petit châssis garni d'un grillage métallique, et fixé par une bande de cuir clouée à la partie supérieure; ces sortes de petites fenêtres s'ouvraient ainsi de l'extérieur à la moindre pression et retombaient par leur propre poids. — Dans cet enclos il avait réuni une douzaine de hases qui furent bientôt rejointes par un nombre respectable de bouquins. Voici comment les choses se passaient. Toutes les nuits, attiré par les effluves amoureux qui s'exhalaient de ce nouveau sérail, les bouquins du voisinage, occupés à courir la gueuse, ne manquaient pas d'arriver à l'enclos, qu'ils longeaient en cherchant à y pénétrer. Vous les voyez d'ici, n'est-ce pas? Quand ils arrivaient à l'une de ces petites portes, la poussant du nez, elle cédait pour leur livrer passage et se renfermait d'elle-même derrière eux. C'est l'histoire des verveux : on y entre, mais on n'en sort pas. — Je me trompe, car, l'œuvre de fécondation accomplie, la liberté était rendue aux bouquins d'abord, et un peu plus tard aux hases, dont les portées eussent certainement mal réussi dans un enclos de si médiocre étendue.

Je ne vous donne pas le fait comme un procédé de repeuplement tout à fait pratique, mais je l'ai cité à titre de curiosité, et aussi parce qu'il contient en germe une idée qui peut devenir féconde. En effet, c'est certainement en conservant dans un enclos, pendant quelques semaines, les lièvres destinés au repeuplement (surtout quand les pauvres bêtes sont venues de loin) qu'on peut espérer qu'ils ne s'éloigneront pas dès le premier jour, comme il arrive, hélas! pour ceux qu'on met en pleine liberté au sortir de leurs paniers. Ceux-là, trop souvent, vont peupler les terres du voisin.

De ce qui précède nous pouvons, dès maintenant, tirer deux conclusions : la première, c'est qu'il est difficile, la plupart du temps, de trouver en nombre suffisant de bons reproducteurs; la seconde, que, là encore, c'est au chasseur, à sa modération, à sa prévoyance, qu'il faut faire appel pour favoriser la multiplication des lièvres.

Encore une parenthèse, s'il vous plaît.

Je connais pas mal d'amateurs adversaires acharnés des chasses réservées et surtout des chasses en société, à cause, prétendent-ils, des entraves dont elles enveloppent la liberté d'action, l'initiative intelligente du praticien. Parfait, j'en conviens de bonne grâce, mes chers Nemrods, quoiqu'en cherchant bien, il soit peut-être facile, de trouver d'autres motifs, à vos critiques. Mais je vous ai demandé mille fois un remède levant les difficultés de toute sorte qui réduisent à l'impuissance le chasseur trop pauvre pour avoir, à lui seul, une chasse giboyeuse, et cependant trop... chasseur pour se résigner à chasser exclusivement dans la plaine Saint-Denis ou ses équivalents. Vous êtes restés devant l'obstacle sans trouver le moindre expédient qui permit de le franchir ou de le tourner. Et puis, entre nous, ne vous ai-je pas amenés à confesser que, le jour de la fermeture, à cinq heures du soir, si l'occasion vous en était donnée, vous tueriez sans remords la dernière hase pleine, le dernier couple de perdrix de tout un canton? C'est cette liberté-là que vous voulez; les voilà, vos coudées franches! Eh bien! ami lecteur, qui m'as suivi jusqu'à présent, si tu veux que les lièvres, exterminés chez toi, y redeviennent nombreux, garde-toi d'admettre jamais dans ta *société* des chasseurs de ce calibre. Plutôt que de laisser passer sans la tirer la pièce dont le meurtre est sagement interdit, ils la tueront d'abord, sauf à laisser pourrir sur place s'ils ne peuvent la dissimuler dans les profondeurs de leur carnier, et, si personne n'est là pour les voir, ils n'hésiteront jamais à massacrer la dernière poule faisane de la forêt. Ah ! les enragés ! Je les connais : le ciel vous en préserve !

Mais, comme ce n'est point pour ces gens-là que j'écris, comme je n'ai ni la prétention, ni le désir de les convaincre ; comme ils ne savent que détruire et sont tout à fait incapables d'apprendre et de pratiquer autre chose que la destruction, comme ils ne vous apporteront jamais leurs concours, qu'ils ne pensent qu'à eux seuls et ne chassent que pour eux, comme ils ont le cœur sec et tiennent à leurs petits écus, je passe outre et ferme ma parenthèse ; mais je veux vous donner un bon conseil en vous engageant fort à les tenir à l'écart et à faire fi de leurs théories

Voulez-vous toute ma pensée? Eh bien! louez une chasse et demandez-leur d'en prendre une part, si petite qu'elle soit : ils vous riront au nez invitez-les cent fois, ils accepteront toujours !

Avant tout, ce qu'il faut au lièvre, c'est un peu et même beaucoup de protection; à défaut d'autre preuve, les résultats de la campagne cynégétique

qui a suivi la dernière guerre suffiraient à établir
cette vérité d'une manière irréfragable. Malgré
les dévastations d'un braconnage s'exerçant au
grand jour à l'abri de toute répression, le gibier
avait eu deux saisons pour réparer les pertes qui
résultent de cette coupe réglée à laquelle il est
procédé officiellement chaque année. De septembre 1870 à février 1871, ce n'était pas nous autres,
hélas! qui chassions! Mais, détournant les yeux
de ces tristes souvenirs, si nous considérons seulement les résultats au point de vue de l'abondance du gibier, quels effets constatons-nous? Et
quel gibier, particulièrement, avait su tirer parti
de nos malheurs pour croître et multiplier dans
des proportions tout à fait inattendues? Le lièvre,
qui se trouvait presque abondant dans les chasses
libres, où les années précédentes c'était une bonne
fortune notable que d'en tuer une dizaine entre
soixante chasseurs. — Demandez aux deux cents
Nemrods qui, chaque année, vont ouvrir la chasse
à Angerville, par exemple, et ils vous diront si je
suis dans le vrai.

Dans telle autre chasse que je pourrais citer,
chasse modeste, mais bien « *avoisinée* », l'ouverture de 1871 fut marquée d'une pierre blanche.
Je ne sais plus si ce n'est point une quarantaine
de lièvres, ou quelque chose d'approchant, que

tuèrent dans les deux premiers jours quatre ou
cinq tireurs. Aussi quel récits, quelles mine
orgueilleuses! L'enthousiasme de l'un d'eux tou
chait au lyrisme! — « Chasse merveilleuse, chass
unique, mon cher; et le présent répond de l'a
venir! J'essayai de poser délicatement l'éteignoi
sur de si brillantes illusions; rien n'y fit : la cor
fiance resta, et les massacres continuèrent, moin
nombreux, assurément, mais encore trop impoi
tants. Ces jolies prouesses, vous en conviendrez
suffisaient amplement à faire prévoir, pour la sa
son suivante, une moisson moins abondant
Mais ce ne fut pas tout : comme l'exemple éta
suivi par quelques chasseurs du voisinage, v
des grands propriétaires du pays, dont l
splendides réserves faisaient, en somme, les fra
de ces folles destructions, finit par s'effrayer
leurs conséquences fatales et résolut de les fai
cesser : M. le Cte de G....... dont les terres so
peut-être les plus giboyeuses et les plus vastes
toutes celles du département de Seine-et-Marne, f
poser tout bonnement des treillages sur une longueu
de six ou huit kilomètres, de sorte que les déva
tateurs de plusieurs chasses riveraines furent rame
nés, bien malgré eux, à cette modération qu'ils n'a
vaient pas su observer. Toujours vrai le proverbe
« *Souvent on perd tout en voulant trop gagner.* »

Pour revenir à cet enclos dont nous parlions tout à l'heure, il est bien aisé de comprendre comment il est appelé à produire de bons effets au point de vue du repeuplement, surtout quand il s'agit de reproducteurs importés de loin. Je ne lui connais qu'un défaut, c'est d'entraîner une certaine dépense.

Le lièvre est un animal éminemment sauvage ; privé de sa liberté par l'homme dont il fuit d'instinct la présence, enfermé dans un sombre panier, bousculé, ballotté pendant le transport par ces déchargements et ces rechargements qui se succèdent depuis le point de départ jusqu'à destination, tous ces procédés ne sont pas de nature à le faire revenir sur l'opinion qu'il a conçue de la plus parfaite créature qui soit sortie des mains de Dieu. La terreur du pauvre animal est donc décuplée au moment où, le couvercle de sa prison s'ouvrant tout à coup, il aperçoit la personne odieuse de son bourreau... Il bondit affolé, et, s'il n'a pas trop souffert du voyage, s'il n'est pas trop écloppé, il tire de long et s'en va... Dieu sait où !

C'est pour obvier à ce désagrément qu'on a imaginé de lâcher les lièvres dans un petit enclos où ils s'habituent peu à peu l'aspect du pays, fort différent quelquefois de celui où ils ont été panneautés. Il en résulte naturellement que, le jour

où ils trouvent ouvertes quelques portes ménagées à l'avance et donnant accès sur une partie
de bois favorable, convenablement choisie, qu'ils
ont pu contempler tout à l'aise au travers des barreaux de leur enclos, ils y pénètrent sans crainte,
et sauf de rares exceptions, s'y établissent défi-
nitivement. Celui qui, le premier, s'est avisé de
cet enclos, est certainement un homme habile.

C'est pendant le jour, et non pendant la nuit,
qu'il faut, dans tous les cas, *lâcher les lièvres de
repeuplement*, et ceci pour la même raison qui
veut qu'on mette les faisans au bois la nuit et non
le jour. — La nuit du faisan, c'est le jour du lièvre.
Que désirons-nous? garder chez nous nos reproducteurs, n'est-ce pas? Voyons donc ce qui se passe.

Tant que brille le soleil, le lièvre reste au gîte :
à part l'époque du bouquinage (et encore !), il
est fort rare de le voir se promener en plein midi
pour le simple plaisir de se dégourdir les pattes.
Il lui faut l'ombre de la nuit pour ses courses,
pour ses campagnes amoureuses, pour ses tran-
quilles repas. Il a, pour craindre la lumière, de
bonnes et nombreuses raisons. N'est-ce pas le jour
que le laboureur travaille en plaine, le bûcheron
sous bois, que les bergers sont aux champs avec
leurs terribles chiens, rapides comme des lévriers ;
que les routes sont sillonnées de passants et de voi-

tures? Donc, si vous le mettez au bois dans la journée, après une pointe rapide mais courte, et quelques timides allées et venues, il se rasera bientôt sous une cépée, ouvrant l'œil et l'oreille, et s'y tiendra coi jusqu'à la tombée de la nuit; puis, après s'être allé mettre à table au plus près, afin de rattraper le temps perdu du voyage, il rentrera bien vite au bois qui lui a déjà prêté son abri tutélaire.

Ceci n'est pas une règle absolue, sans doute; mais qu'il s'agisse de lièvres allemands ou de lièvres de pays, que ces animaux soient tenus pendant quelque temps dans un enclos, ou mis en pleine liberté dès la sortie de leurs paniers, la méthode que je viens d'indiquer est assurément celle qui présente le plus de garanties de réussite. Si vous n'êtes pas encore tout à fait de mon avis, voilà, j'espère, qui achèvera de vous convaincre.

Choisir la nuit pour mettre au bois les lièvres de repeuplement, c'est choisir le moment où leur instinct les pousse à vagabonder, à s'écarter pour chercher leur nourriture, seul besoin qu'éprouvent au moment où elles sont rendues à la liberté, de pauvres bêtes enfermées depuis plusieurs jours dans une étroite prison. Toutes les craintes qui retiennent le lièvre au gîte pendant la journée ont disparu en même temps que le soleil; n'ayant plus à redouter les mêmes dangers; il ne prend point le temps de faire connaissance avec le bois où vous le destinez à passer sa vie; il gagne la plaine, comme il peut, souvent après l'avoir longtemps cherchée; si le bois est d'une certaine étendue, il n'y arrive pas toujours à temps pour y viander à son appétit; il peut s'y laisser surprendre par le jour et y rester, ce qui est toujours regrettable. Bref, courant sans danger, pendant toute la nuit, sur un terrain inconnu, il lui arrive souvent de s'éloigner beaucoup. C'est absolument ce qui se passe pour les faisans qui sont lâchés au bois pendant la journée au lieu d'y être mis après le coucher du soleil.

Les plus habiles chasseurs que j'aie connus, les gardes les plus expérimentés sont tous de l'avis qu'il y a un grand avantage à lâcher les lièvres dès le matin, et j'ai pu constater moi-même que cette méthode donne d'excellents résultats.

Une fois les lièvres acclimatés, il ne reste plus qu'à apporter une sage modération dans la guerre qu'on leur livre, au moins pendant une ou deux années.

On coupe souvent une oreille aux lièvres de repeuplement : cette mesure a du bon, si elle est pratiquée avec une certaine discrétion, car c'est une sottise que de couper l'oreille d'un lièvre au ras de la tête. Retranchez-en la moitié, cela est très-suffisant; encore suis-je d'avis de ne pratiquer cette opération que sur les hases, ce qui permet quelquefois de les reconnaitre lorsqu'elles partent bien à découvert. Mais, à cet égard encore, il y aurait tant à dire que je passe volontiers condamnation, laissant chacun libre de faire à sa guise ; et puis, avouons-le, la chose, au fond, n'a pas grande importance.

Le lapin. — Précieux pour le riche et pour le pauvre, également cher à tous deux, se prêtant à toutes les conditions, se plaisant à peu près partout où il y a du bois et y prospérant, se faisant à tout, sauf à l'humidité, prenant le temps comme il vient et son domaine comme il est ; ici, s'accommodant pour sa demeure d'un tas de pierres, d'une pile de fagots ; ailleurs, se creusant un terrier confortable ; philosophe éclectique, épicurien toujours satisfait, le lapin est, de tous les gibiers, celui dont la production est le plus facile, l'entretien le moins dispendieux, celui dont la prodigieuse fécondité récompense le mieux de l'intérêt qu'on lui porte.

Les Arabes, je crois, affirment que celui qui est aimé d'une jolie femme est à l'abri des coups de l'adversité. Les Arabes ont raison. Mais, puisque nous sommes entre chasseurs, ajoutons que celui qui a du lapin dans ses bois est à l'abri de la plus grande misère de la chasse, la bredouille.

Il n'est pas un attrait que ne possède cet excellent lapin. Déboulé frétillant, rapide comme la pensée, voilà pour l'habile tireur. Pour les invalides, pour les maladroits, il est pétri de complaisances sans nombre. Leste ou nonchalant, selon son caprice, se riant des chiens, professant un superbe mépris des coups de fusil, s'arrêtant effrontément, assis sur sa queue blanche, pour vous « dévisager » tout à son aise ; ou bien, s'il l'a ainsi résolu dans sa folle cervelle, continuant son petit bonhomme de chemin, dût-il passer entre vos jambes, son insolence coquette est sans égale et il semble braver la mort comme une victime toujours prête, on pourrait presque dire, toujours gaie.

Quand tous les autres gibiers nous font défaut, quand la plaine est dépouillée et les perdrix inabordables ; quand les lièvres et les faisans, trois ou quatre fois décimés, demandent à être enfin épargnés sous peine de disparaître entièrement ; quand le chevreuil, ayant acquis une expérience salutaire, ne se laisse plus conduire sous le feu des tireurs comme au début des traques, le lapin est toujours là comme fiche de consolation.

Ne me parlez pas de ces chasses merveilleuses « où les grands fauves abondent » : ce sont autant d'occasions de bredouille. Mais, que vous possédiez seulement cent arpents de bois bien peuplés de lapins, vous pouvez vous vanter d'avoir du plaisir sur la planche ; plaisir modeste, si vous voulez, mais plaisir charmant jusque dans sa monotonie.

J'ai fait partie d'une société qui avait amodié la chasse dans une des plus belles forêts des environs de Paris, entre Versailles et Rambouillet. Comme terrain, je n'ai rien vu de mieux. D'ailleurs beaucoup de chevreuils, beaucoup de lièvres, de plus, quelques faisans; mais de lapins!... un soupçon, ainsi que le disait spirituellement un de nos amis. Chaque jour de chasse nous réunissait au nombre de huit ou dix : au bout de l'année, qu'avait-on tué? Le total des pièces inscrites au tableau le jour de la fermeture prêterait à rire à quelques-uns de mes lecteurs. Et cependant les bois de Tra.. renferment des garennes superbes, exposées sur un terrain exceptionnellement favorable. Mais, hélas! qu'y avait-il dans ces garennes? Quelques lapins, sans nul doute, et aussi des... renards, aidés d'un garde imbécile et fripon !

C'est qu'il faut bien voir les choses comme elles sont : même dans les plus belles chasses, il y a des jours malheureux, où tout va de travers, où l'on ne voit que des poules, où les lièvres sont en plaine, où les chevreuils forcent les rabatteurs, malgré les plus prudentes manœuvres; il y a des jours où le temps lui-même semble être conjuré contre ces pauvres chasseurs «enguignonnés» où, dès le milieu de la journée, une pluie fine, implacable, commence à tomber du ciel uniformément gris ; en voici, quelquefois, pour vingt-quatre heures ! Retenez bien ceci, jeune homme, si vous avez du lapin, rien n'est désespéré, et vous auriez grand tort de quitter la place ; le lapin est un original qui va précisément sortir de chez lui au moment où vous allez rentrer chez vous. Un peu de courage, mes maîtres ; allons ! dehors les caoutchoucs ! Il nous reste plus de temps qu'il n'en faut pour remplir quelques carniers.

On a tout dit sur la fécondité du lapin ; mais inclinons-nous devant cette déclaration magistrale : « S'ils avaient moins d'ennemis, ce ne seraient pas les lapins qui manqueraient à la terre, mais bien la terre qui manquerait aux lapins. »

Quelques chasseurs prétendent que, pour avoir approximativement le nombre des lapins résultant d'un repeuplement opéré dans les conditions ordinaires, il faut multiplier par sept le nombre des hases lapines lâchées au commencement de l'année ; après quoi, le calcul étant soumis à de telles vicissitudes, attribuables à des causes si diverses, il ne peut plus être indiqué rien de précis. Nous sommes d'accord sur le second point ; quant au premier, voyons un peu.

Chaque société de chasse, chaque cercle de chasseurs, chaque petite ville, chaque bourgade, possède un Nemrod assermenté, type inimitable,

tireur unique, chasseur à en remontrer à Diane
elle-même, un héros, enfin, un demi-dieu ! Tout
ce qui sort des lèvres de cet oracle est un point
de dogme pour ses confrères ; tout ce qu'il blâme
est condamné. Si l'oracle prétend qu'un couple
de lapins produit sept petits au bout d'une année,
c'est qu'il n'en produit ni six, ni huit, mais bien
sept ; de même, si, par miracle, il manque un coup
de fusil, c'est que sa cartouche avait laissé couler
le plomb sans qu'il s'en aperçût.

La hase lapine peut faire quatre portées par an ;
vous voyez que je n'exagère pas. Chacune de ces
portées donnera environ quatre petits. Voici donc
seize lapins qui eux-mêmes seront en état de repro-
duire dès leur sixième mois ; mais soyons pessi-
miste, et admettons que nous n'aurons pas de produits avant le huitième mois : restent donc quatre
mois. — Or, si, sur ces seize lapins, enfants de la
première hase, comptons *huit femelles*, qui pendant ces quatre mois sauront mettre le temps à
profit et nous donneront chacune *une seule portée*
de quatre petits, voici encore trente-deux lapins
qu'il faut ajouter aux seize premiers ; total : quarante-huit. Donc une seule hase, au bout d'une
année, peut avoir produit quarante-huit lapins.

Maintenant, selon les cas, les lieux, et pour tenir compte des déprédations des bêtes nuisibles et

des braconniers, déduisez sur ce chiffre, à votre gré, la quantité qui vous paraîtra raisonnable ; c'est bien le diable si vous n'arrivez pas à conclure que cet habile calcul qui consiste à multiplier par sept le nombre des hases reproductrices, pour avoir approximativement le nombre des produits de la première année, est un calcul qui n'a pas l'ombre du sens commun.

En continuant le même raisonnement pour les années suivantes, on arrive à des chiffres renversants, et qui sembleraient pouvoir être taxés d'exagérations absolument fantaisistes par ceux qui ne jugent que des résultats obtenus dans les conditions ordinaires, c'est-à-dire, le plus souvent, dans de mauvaises et très-mauvaises conditions. Mais ces chiffres énormes, on est bien obligé de les admettre quand on considère les causes de destruction innombrables qui atteignent incessamment le lapin.

De toutes ces causes, n'en citons qu'une, des plus fréquentes et pourtant des plus graves.

« Le lapin, c'est le pain du garde. » Les axiomes ont du bon ; mais ils ont un tort, c'est d'être parfois trop absolus. Celui-ci est pris au pied de la lettre par un grand nombre de braves gardes de ma connaissance qui (par intérêt, si ce n'est par honnêteté) devraient se faire scrupule de mettre les lapins en coupe réglée avant que ces intéressants rongeurs n'aient eu le temps de multiplier en nombre suffisant pour permettre de dissimuler des prélèvements quotidiens. — Ajoutez à celle du garde la part du renard, du putois, de la belette, et vous conviendrez que chaque lapine produit autre chose que sept petits par année. J'allais oublier la buse et les oiseaux de proie qu'il faut pourtant compter, car, lorsque vous trouvez un lapin à moitié dévoré sur une branche de chêne à dix pieds du sol, ce n'est pas un renard que vous pouvez soupçonner d'avoir choisi cette place pour se mettre à table.

Réagissez donc énergiquement, violemment au besoin, contre les causes de destruction, quelles qu'elles soient, et vous aurez d'autres résultats que sept lapins par an.

Ces principes bien et dûment posés, c'est à vous de faire les calculs qui serviront de base à vos opérations de repeuplement; c'est à vous de considérer l'étendue et la nature de vos bois, la situation de vos garennes, la proximité ou l'éloignement des bordures de plaine, etc.

Ah! les bordures de plaine, voilà la grosse affaire, le plus grand obstacle à la multiplication du lapin. C'est aux bordures de plaine que l'innocente et gentille bête doit le triste avantage d'ê-

tre classée dans la catégorie des animaux nuisibles.
Mais là encore, le bien n'est-il pas à côté du mal?...
Si nous pouvons chasser jusqu'au mois d'avril, jusqu'au mois de mai, selon le degré de bienveillance
ou de sagacité de nos magistrats départementaux,
n'est-ce pas au lapin que nous devons en rendre
grâces? Autorisation préfectorale pour destruction
d'animaux nuisibles : on part six, on rentre avec
un lapin; mais on a chassé. Autant de pris sur
l'ennemi, je veux dire sur le temps de la fermeture.

Ce serait une erreur de croire que le terrier est
indispensable au lapin. Dans les bois un peu humides, ou plus exactement dans les pays à terre
forte, dans les terrains où le sable ne forme point
le fond du sol, maître lapin s'accommode souvent
de la modeste condition de « buissonnier », — ce
qui ne l'empêche pas de prospérer à l'envi. Il est
bien rare, d'ailleurs, qu'il ne trouve pas quelque
endroit favorable, quelque berge de fossé où creuser sa rabouillère.

Mais, avant de parler des *garennes*, sur lesquelles je ne m'étendrai pas bien longuement, je
veux vous signaler un assez bon moyen de retenir
les lapins dans un bois dont le sol ne leur convient
qu'à moitié. J'ai dit plus haut qu'à défaut de terrier, le lapin établissait quelquefois son refuge
sous un simple tas de pierres; cela est très-vrai.

Voici donc ce que j'ai vu faire dans un bois où la terre grasse ne permettait pas au lapin de se creuser un terrier confortable. Çà et là quelques mètres de pierres superposées irrégulièrement, sur un terrain en pente douce ; autour de ces petits « tumulus » une rigole d'un demi-pied de profondeur avec une saignée d'écoulement, voilà tout. Ah ! pardon. J'oubliais d'ajouter que préalablement, une épaisse couche de terre avait été enlevée, puis remplacée par une égale quantité de sable sur lequel reposait ainsi l'édifice improvisé, dont le faîte garni de quelques poignées de plâtre mêlé de terre glaise, suffisait pour éviter que l'eau ne pénètrât trop facilement.

Comme vous voyez, le procédé est bien simple ; dans le bois où je l'ai vu mettre en pratique, il avait en outre le mérite d'être du goût des lapins qui se fixèrent dans ce canton, où jusqu'alors ils n'avaient jamais consenti à s'établir.

Mais c'est dans les terrains légers, sablonneux, que le lapin se plaît et se multiplie à souhait. Si dans vos bois se trouve une côte garnie de ronces et de quelques maigres bruyères, bien exposée au soleil levant, elle est dans d'excellentes conditions pour être transformée en garenne ; mais ce qu'il faut observer, peut-être autant que le soleil, dans les pays où soufflent, à certaines époques et avec une sorte de régularité, les vents violents du nord et du nord-est, c'est, autant que possible, de placer la garenne à l'abri de ces vents-là, qui sont encore plus désagréables, pendant les grands froids de l'hiver, au chasseur lui-même qu'au lapin. Cette observation, du reste, n'est pas d'une importance extrême, et nous allons, si vous le voulez, nous jeter à corps perdu dans ces garennes d'où nous sortirons, je l'espère, dans un instant, à notre satisfaction réciproque.

Qu'il s'agisse de lièvres ou de lapins, de l'établissement d'une garenne, de l'élevage du faisan ou de la perdrix, c'est toujours à l'observation de la nature qu'il faut avoir recours pour obtenir des résultats en matière de repeuplement. Tout est bon qui se rapproche des conditions dans lesquelles l'animal vit à l'état sauvage; tout ce qui s'en éloigne est mauvais.

Lâchez des lapins dans un parc d'une certaine étendue, et observez l'endroit qu'ils choisiront pour y creuser leurs terriers : ce sera toujours sur un terrain à fond de sable, s'il en existe quelque part. Dans les pays à terres fortes, argileuses, s'il se trouve quelque lande maigre, d'où l'on ait tiré de la pierre, une carrière petite ou grande, il y a tout à parier que les lapins s'y établiront de préférence; le travail des carriers leur a évité la partie la plus désagréable de leur besogne, qui consiste à déplacer, à percer la couche de terre grasse qui recouvre le fond du sol. A défaut d'un côteau bien exposé, quelque pli de terrain, une petite éminence recouverte d'une couche de terre de bruyère fera, sinon leur bonheur, du moins leur affaire. — Le sable est un buveur d'eau, qui ne conserve pas longtemps l'humidité ; or, ce que le lapin redoute le plus pour sa demeure, c'est l'eau.

Voyez comment sont construits, le plus souvent, les grands terriers. Les bouches s'enfoncent en terre, sur un terrain déclive. Dans les grandes pluies, le peu d'eau qui peut entrer à l'intérieur ne saurait y pénétrer profondément, parce qu'elle est absorbée par le sable, au fur et à mesure. Le fond des terriers est toujours sec, ou du moins certains galeries qui se relèvent, sont entièrement à l'abri de l'humidité.

Si vos bois n'ont pas de terriers naturels, ou si vous avez intérêt à déplacer ces terriers, soit pour les éloigner de la plaine ou de quelque jeune pépinière, soit pour une autre cause, c'est donc un coteau sablonneux qu'il faudra choisir pour y installer vos garennes.

Je ne dirai rien des garennes naturelles, me bornant à indiquer, au milieu de vingt autres, le meilleur procédé qu'il convient, à mon avis, d'employer pour construire une garenne artificielle, ou plutôt quelques terriers que les habitants agrandiront, perfectionneront, multiplieront rapidement, pourvu que l'emplacement soit bien choisi et que le terrain leur convienne.

J'ai vu construire bien des garennes. J'ai vu employer de simples fagots, ou une série de fascines entremêlées de pierres et de terre, de manière à former une sorte de dédale au-dessus duquel on se contentait de poser transversalement quelques planches ou même quelques branches d'arbres garnies de feuilles, entrelacées et recouvertes d'une épaisse couche de terre. Le procédé, comme vous voyez, est élémentaire et peu dispendieux. Cependant je ne prendrai pas sur moi de vous le recommander, parce que cet amas de bois ne tarde guère à se pourrir et infecte les terriers pour un certain temps. Vous me répondrez qu'avant que ce désagrément ne se produise, la colonie aura prospéré et que de nouvelles demeures auront été creusées par les lapins eux-mêmes à côté de celles que vous leur aviez préparées, et qu'en somme, la garenne étant là où vous vouliez qu'elle fût, votre but se trouve atteint.

L'objection a sa valeur.

Cependant je préfère un autre procédé que je

vais vous décrire : vous avez, bien entendu, le droit de n'être point de mon avis.

Tout d'abord, une observation, si vous le voulez bien. — Ce n'est pas avec le fusil que le braconnier détruit le lapin, c'est avec le collet, ou en furetant à *bourses*.

Encore faut-il ajouter que les malins ne tuent pas leurs lapins à mesure des prises, mais les conservent vivants de manière à pouvoir les lâcher tout à coup, si leur mauvaise étoile les conduit sur le chemin d'une patrouille de gardes ; il est des circonstances où il faut savoir faire un sacrifice à sa bonne réputation. C'est le cas de beaucoup de fermiers de notre connaissance, à vous ou à moi.

L'un d'eux, un beau soir, fut pris d'un peu court, au croisement de deux chemins, par le garde d'un de mes amis. Le drôle, se jetant vivement en arrière, s'était plus vivement encore débarrassé du contenu d'un sac qu'il portait sur l'épaule ; après quoi, ayant repris courage, il s'avançait gauchement la main tendue, quand tout à coup, au beau milieu de route, un lapin lui déboula littéralement du derr..... du bas des reins. En même temps que son sac, l'homme portait une gibecière qu'un paquet maintenait à demi ouverte. Il est probable que dans la dégringolade, le malheureux lapin avait piqué une tête dans les profondeurs du carnier où, en bête avisée, il n'avait pas jugé à propos d'attendre les événements.

Il faut donc se défier des bourses, et voilà pourquoi je préfère un autre procédé que celui dont je vous ai tout à l'heure exposé la rustique simplicité. Le lapin bondit; le furet rampe, se glisse. Il suffit donc, pour éviter les dégâts du furetage, de ménager en travers de chaque boyau d'entrée, à un mètre environ de la bouche, une petite tranchée large de trente centimètres à peu près et profonde de quarante; les parois de cette tranchée doivent être bien perpendiculaires et garnies de pierres plates. Il n'en faut pas davantage pour arrêter le furet dans sa course; ajoutons que, s'il vient à se laisser choir dans cette petite fosse, il n'en sortira plus : c'est un excellent piége à furet, qui ne présente aucun danger pour le lapin, lequel, à l'occasion, se tire d'affaire d'un coup de jarret.

Ceci dit, voici, à mon avis, la meilleure manière de construire un terrier. On fait creuser trois ou quatre tranchées se rejoignant au même point ou à des points différents sur l'artère principale qui conduit à la bouche. Quand on veut bien faire les choses, on garnit de pierres sèches non pas les galeries intérieures, ce qui est tout à fait superflu et peut même être nuisible, mais uniquement les parois de l'entrée jusqu'au delà de la

fosse dont nous avons parlé. Cette précaution a
pour effet d'empêcher les lapins de creuser de
nouvelles galeries en avant de cette fosse ; et ce n'est
pas là son seul mérite, car, tout en consolidant
l'ouvrage, elle facilite l'introduction d'une planche
destinée à servir au furet de pont volant pour franchir la fosse, quand on veut tirer à blanc le lapin.
— Cependant, à ce sujet, je dois dire que j'ai vu
quelques furets « faire des façons » pour s'engager
sur ce pont ; quelques-uns revenaient obstinément
à la bouche, et je n'ai vu d'autre moyen de vaincre
leur résistance que de donner à la planche la largeur même du terrier dont, alors, l'entrée doit
s'enfoncer tout droit en terre jusqu'à la fosse, pour
remonter au delà et dans les galeries. Un ou deux
bons terrassiers ne seront pas embarrassés pour
vous construire quelques terriers fort convenables
avec ces simples données, bien plus faciles à faire
comprendre sur le terrain qu'à expliquer sur le
papier. Quand ce travail est achevé, on recouvre le
tout à l'aide de fortes planches en chêne dont la
durée est beaucoup plus longue que celle des
branchages ou des fascines. Il est bon de boucher
avec quelques poignées de plâtre les interstices
existant entre ces planches, afin d'empêcher l'humidité d'envahir les terriers. Cela fait, il ne reste
plus qu'à recouvrir tout l'ouvrage d'une épaisse

couche de terre, dans laquelle on peut planter quelques cépées qui, bien entendu, ne sont pas destinées à prendre un grand développement, mais dont les racines donneront au sol fraîchement remué la consistance qui lui manque, et empêcheront les terres d'être emportées par les orages. C'est dans la même pensée qu'on ajoute, quand cela ne doit pas donner trop de peine, quelques-unes des plantes aromatiques pour lesquelles les lapins ont une prédilection reconnue. Mais il ne faut guère compter sur le succès de ces plantations, et c'est là, je pense, une précaution à laquelle il est facile de suppléer, dans la plupart des cas, à l'aide de pierres soutenant les terres, ou par un moyen analogue.

Ce serait une peine superflue que de s'attacher à établir des terriers sur le modèle de ceux que construisent eux-mêmes les lapins : deux ou trois galeries et une bonne entrée, voilà l'important. Soyez certain, du reste, que les habitants se chargeront parfaitement eux-mêmes de compléter les dispositions intérieures de votre ouvrage et d'augmenter, selon leurs besoins ou leur caprice, le nombre de ces galeries. Il arrive même assez fréquemment que la petite tranchée creusée en travers de l'entrée, se trouve comblée par les mineurs. Le garde doit donc la visiter de temps en temps; il lui sera toujours facile de la nettoyer à l'aide d'une petite palette formant avec le manche un angle rentrant.

Il y aurait encore beaucoup à dire sur la construction des garennes ; mais vous voyez, d'après ce court exposé, que ce n'est pas, en somme, une grosse affaire. S'il s'agissait d'une garenne fermée, ce serait différent ; mais je n'ai pas à m'occuper de ce sujet dans cette étude. Je dois ajouter, d'ailleurs, que, la plupart du temps, on n'est pas obligé de faire appel à tous ces soins, que cependant j'ai dû indiquer. Les terriers artificiels sont surtout destinés à servir aux lapins d'habitation temporaire, à leur offrir un refuge momentané. Bientôt, à côté des terriers que vous aurez fait établir, ils construiront eux-mêmes d'autres souterrains mieux à leur convenance, pour lesquels ils auront quelquefois l'ingratitude de déserter l'ouvrage de vos mains. Votre amour-propre ne saurait en souffrir, et vous en prendrez, j'imagine, gaiement votre parti, si le résultat que vous vous proposiez se trouve atteint, c'est-à-dire si les lapins se fixent à l'endroit que vous leur aviez assigné. Que vouliez-vous, en somme ? Une garenne sur tel point soigneusement choisi. Vous l'avez : tout est donc pour le mieux.

Dans la plupart des chasses, d'ailleurs, il existe des terriers naturels auxquels il ne manque que des habitants. Ce n'est guère que dans les rares propriétés d'où le lapin a disparu depuis long-temps, qu'il est utile de poser les bases de l'habitation destinée à la colonie, laquelle, grâce à Dieu, ne demande qu'à croître et à multiplier.

Un mot encore : c'est sur l'emplacement même des garennes qu'il est à propos de faire construire une ou deux de ces petites baraques dont j'ai parlé à propos de la surveillance de la chasse. Ces baraques sont merveilleuses ; que le garde y soit ou non caché, elles sont toujours là, pour le braconnier, comme une inquiétude, comme une menace permanentes ; une de ces cabanes, dominant tout le coteau le long duquel s'étagent vos terriers, sauvera la vie à plus de lapins que bien des patrouilles.

Il n'est jamais difficile ni coûteux de se procurer des lapins. Encore est-il qu'on doit s'y prendre à temps. Il en est de cela comme du faisan. Si vous attendez le mois de janvier, bien des gardes qui sont autorisés par leurs maîtres à satisfaire aux demandes qu'on leur adresse, jusqu'à concurrence d'un certain nombre, se feront tirer l'oreille, dans l'espérance d'obtenir deux mois plus tard un meilleur profit de l'autorisation généreuse qui leur est accordée.

Le lapin est, d'ailleurs, une bête charmante, qui se prête avec une complaisance unique aux désirs du chasseur.

Un de mes amis possède, à deux pas de Paris, une fort gentille chasse où l'on tue chaque année six à huit cents lapins. — Savez-vous le moyen employé par M. B... pour suffire aux besoins de cette respectable consommation? Non. Eh bien! il fait tout bonnement des croisements de lapins de garenne avec des lapins domestiques. Toujours *bouquin de garenne* et *hase domestique*, et jamais le contraire.

Dès qu'ils ont atteint l'âge de cinq semaines, on peut lâcher les lapereaux; mais il vaut mieux, quand rien ne s'y oppose, les conserver jusqu'à la fin de leur deuxième mois. Ces lapins croisés grandissent au bois et y prospèrent à merveille, quand on a su leur ménager des conditions favorables, ce qui est aisé, un simple tas de grosses pierres ou de fagots leur servant parfaitement de refuge et d'abri. Et n'allez pas croire que leur chasse soit une parodie de celle du garenne pur; bien loin s'en faut, et ils se font poursuivre par les chiens courants tant et si bien qu'il est souvent fort difficile, depuis le lancer jusqu'à la mort, de savoir si on a affaire à un individu né sous bois ou à un croisé-garenne. A la seconde génération, l'assimilation est complète en tout, jusques et y compris la casserole.

Je ne suis pas le seul à considérer le croisé-garenne comme un reproducteur précieux.

Je vais, si vous le voulez, vous exposer ses titre
à votre bienveillance.

En premier lieu, la fécondité de la hase domes
tique est de beaucoup supérieure à celle de la has
sauvage. Il est fort rare de trouver plus de cin
petits dans une rabouillère; et pour quelque
exceptions qu'on pourra citer, il n'eu est pas moin
vrai que la moyenne des portées ne dépasse guèr
le nombre de quatre lapereaux.

Or en croisant un bouquin de garenne avec un
hase domestique, on obtient sept, huit et nen
petits par portée.

Vous voyez d'ici l'avantage.

Ces demi-sang, je le répète, se comportent for
bien au bois et ils y feront bonne figure, chez vou
comme ailleurs, si, répudiant ces énormes bêtes
qui font l'orgueil des éleveurs de lapins de cla
pier, vous avez soin de choisir des mères lapine
de petite taille.

Dans le Parc de Gr.., appartenant à M. le princ
de W..., le plus grand nombre des lapins d
garenne sont presque noirs. Je connais une autr
propriété où pullule une race de garenne très
bien fixée, et dont le pelage est blanc et orange
avec cela, la tête ronde, les oreilles courtes, le
pattes fines et sèches, en un mot tous les cara
tères extérieurs qui distinguent le garenne ord

naire. Le chasseur le plus scrupuleux ne saurait trouver, ni dans l'aspect général de ces lapins, ni dans les détails les plus intimes de sa construction, rien qui s'écarte des formes du garenne commun. La couleur seule est différente.

Croyez-moi, si vous avez trop de difficultés à vous procurer un nombre suffisant de garennes purs, n'hésitez pas, complétez votre repeuplement avec des croisés, sans vous inquiéter des théories plus ou moins savantes des maîtres et en dédaignant les quolibets des gens de parti pris.

Dans une chasse de bois, le lapin joue le rôle de la perdrix en plaine. Il n'est pas de belle chasse de plaine sans perdrix, pas de belle chasse de bois sans lapin.

Pour en finir avec les questions relatives au repeuplement de nos chasses, il me resterait à parler du chevreuil; mais, sur cette question, il y aurait trop à dire, et le nombre des chasseurs qui peuvent tenter les hasards de cette aventureuse entreprise est trop restreint, pour que je puisse entrer ici dans tous les détails qu'elle comporte.

Je n'ajouterai qu'un mot à ce que j'ai dit du chevreuil : c'est qu'on peut assez facilement se procurer des chevrettes venant d'Allemagne.

Adressez-vous aux commissionnaires de la Halle de Paris; ils sont à même de trouver votre affaire.

Mais attendez pour faire votre commande, que l'époque du *rut* soit passée. Vous devinez pourquoi? Toutes les chevrettes panneautées après cette époque sont pleines.

Double et quelquefois triple avantage : vous le verrez bien à l'époque des portées; si la mère vous donne deux faons, vous aurez trois animaux.

CHAPITRE V.

Celui qui part seul le matin, précédé de son
chien, se met en campagne comme bon lui semble : il peut diriger sa quête à son gré, selon le
terrain, le temps, le vent, la saison. Réduit à ses
propres forces, n'ayant à se préoccuper que du but
à atteindre, il n'a d'autre guide que ses connaissances pratiques et sa volonté. Il peut manœuvrer
à sa fantaisie, marcher droit devant lui ou revenir
sur ses pas, obliquer à droite ou à gauche s'il le
juge à propos, commencer par le bois et finir par
la plaine, éplucher un guéret pendant deux heures
pour y trouver un lièvre au gîte. Il n'a crainte de
gêner personne. Il ne songe qu'à lui. Rien de
mieux.

Il ne saurait en être de même dans une société de chasseurs exploitant en commun le droit de chasse sur une propriété qu'aucun d'eux, le plus souvent, n'eût pu louer sans le concours de ses camarades. Chacun est donc pour quelque chose dans le plaisir de tous. De là ces concessions mutuelles qui ont conduit le plus grand nombre des sociétés à adopter un mode de chasse, regrettable sans doute, mais équitable au fond, puisque, mettant à peu près au même niveau le chasseur expérimenté et le débutant, le bon et le mauvais marcheur, la *chasse en battue* ne laisse subsister qu'une supériorité, celle du tir. Cela n'est pas parfait, sans doute, mais si vous pouvez m'indiquer un moyen de mieux faire, je vous assure que vous me rendrez service.

Prenons, si vous voulez, une société composée de dix actionnaires, président compris. Dans ce nombre comptons deux chasseurs dignes de ce titre : c'est beaucoup. Restent donc huit amateurs qui ne voient dans la chasse qu'une distraction salutaire, et auxquels, en somme, le choix des moyens importe peu pourvu qu'ils s'amusent, c'est-à-dire pourvu qu'ils tirent des coups de fusil : cela se comprend. Mais où les choses se compliquent, c'est que parmi ces huit amateurs, deux ou trois, si ce n'est davantage, ne consentiront jamais, soit

par impuissance physique, soit par indolence
naturelle, à s'imposer les fatigues ou à prendre la
peine qu'exige l'exercice de la chasse proprement
dite. Cependant, podagres ou sybarites, il faut
bien que nous les comptions. Ne vous récriez pas,
lecteur : si ce que je dis là n'est pas exact, je consens à être pendu. Or, qu'arrive-t-il, même en
admettant que les vrais principes aient obtenu
gain de cause au début? Les deux ou trois paresseux entraîneront bien vite les indécis et les indif-
férents, en sorte que les véritables chasseurs de la
bande seront obligés de sacrifier leurs préférences
et de consentir aux battues.

Un de nos bons amis (aujourd'hui mort, hélas!),
notre fidèle compagnon de chasse pendant plus de
dix années, était précisément dans le cas de ces
impuissants. Rond comme une boule, haut en
couleur, il ne pouvait, supporter les fatigues d'une
longue marche, et comme Tityre, il aimait à se
reposer à l'ombre d'un chêne ou d'une meule de
blé. Mais sa courtoisie, sa bonne humeur, sa bienveillance, nous rendaient sa compagnie précieuse,
et compensaient le sacrifice véritable auquel plusieurs d'entre nous se condamnaient en se résl-
gnant à chasser en battue. Quelque chose nous
manquait quand il était absent.

J'entends souvent dire : « Que ne choisissez-vous

de vrais chasseurs pour former votre société?»
Sans doute ; vous en parlez bien à votre aise. Mais de
vrais chasseurs, est-ce donc chose si commune?
Je vous félicite si vous en connaissez tant que cela.
Pour moi, je suppose que vous avez quelque bon
gros ami comme celui dont je vous ai parlé, qui
aime la chasse, mais qui vous aime aussi et que
vous aimez. Or, voyons, entre nous, est-ce que vous
le repousserez parce qu'il manque de souffle ou de
jarret? Et si vous l'admettez, le planterez-vous là
quand il ne pourra vous suivre? Une fois passe,
mais toujours?....

Je sais bien que ce ne sont pas là des raisons
pour certains enragés que dévore une passion
ardente, exclusive, farouche. Ceux-là, méconnais-
sant les bienfaits et les charmes de la solidarité
dans le plaisir, ne peuvent supporter une entrave,
et sont incapables d'un sacrifice. Dès qu'ils ont en
main leur fusil, rien n'existe plus pour eux, ils
oublient à la fois et leurs affections et les plus vulgaires convenances. Une telle passion, doublée le
plus souvent d'un égoïsme fort mesquin, entraîne
celui qu'elle domine à une série de petitesses assez
répugnantes. Voyez (il est votre ami, pourtant); il
vient de remettre des perdrix là-bas, dans cette
luzerne : vous l'interrogez, il va vous envoyer aux
antipodes, dans ce champ de betteraves qu'il a

battu pied par pied il n'y a pas un quartd'heure, et son sourire vous dit qu'il se réjouit *in petto* de son habileté. Ces gens-là sont nés pour chasser et pour vivre seuls. Ainsi soit-il !

Ce n'est pas par tendresse pour les battues que je cherche à vous faire comprendre comment on y est fatalement amené dans la plupart des chasses en société. Je suis, au contraire, un adversaire très-décidé des battues, et j'ai longtemps cherché un moyen de les remplacer, qui puisse satisfaire à peu près tout le monde. J'ai fait appel au ban et à l'arrière-ban de mes amis, au nombre desquels, je vous prie de le croire, se trouvent quelques chasseurs de mérite. Nous n'avons rien trouvé. Les plus savantes combinaisons se sont toujours heurtées dans la pratique à des difficultés insurmontables ; il m'a fallu en revenir, sinon chaque fois et du matin au soir, au moins pendant une partie de la journée, à ces inévitables battues, dont les plus graves inconvénients peuvent se résumer en quelques lignes.

Trop souvent renouvelées, elles épuisent une chasse ou forcent le gibier à chercher ailleurs un séjour plus tranquille ; et puis, elles ont le défaut d'imposer au véritable chasseur une privation cruelle en l'empêchant de mettre en action ces connaissances pratiques, ces savantes manœuvres, ces qualités supérieures, qui font sa gloire et son orgueil. A proprement parler, la battue n'est pas une chasse, c'est un exercice de tir. Celui-là seul qui dirige les battues a besoin de bien connaître son terrain en même temps que les habitudes du gibier, ses allures, ses refuites, selon le temps et la saison. Quant aux autres (honni soit qui mal y pense), qu'ils soient bons tireurs, et c'est assez. Je me trompe, ils doivent encore savoir se bien cacher, tout comme un détrousseur de carrefour.

Pour la plaine, cette nécessité saute aux yeux. Maintenant suivez-moi sous bois, vous allez voir.

Plus un bois est sombre et fourré, mieux nous apercevons de l'intérieur des massifs, relativement obscur, les objets placés dans les allées, où le jour est vif : au contraire, plaçons-nous dans une allée, l'intérieur du bois nous paraîtra plus sombre, et quelquefois c'est à peine si nous distinguerons à quelques mètres un animal venant sur nous. Donc, si vous n'avez pas grand soin de vous dissimuler derrière une forte cépée, un tronc d'arbre, ou dans un fossé, *vous serez toujours aperçu avant d'apercevoir*.

— Tiens, voici là-bas M. X... avec son chien blanc, se dit le vieux brocard ! Et il va passer au voisin, qui le roule.

— Que voulez-vous, je n'ai jamais de chance, soupire ce pauvre M. X...

— Parbleu !

Il est important, surtout au bois, de faire mener les battues avec le vent. Cette précaution devient indispensable quand les enceintes renferment de gros animaux, cerfs, sangliers, loups, chevreuils. Cependant, pour les chasses ordinaires, il est un cas dans lequel j'approuve qu'on déroge à cette règle : c'est quand il s'agit d'opérer un ensemble de manœuvres ayant pour but de refouler le gibier vers le centre de la propriété, où se tire quelquefois à la fin de la journée, comme le bouquet du feu d'artifice. Encore est-il prudent, si l'on a des raisons d'espérer qu'un chevreuil est enfermé dans l'enceinte attaquée à contre-vent, de placer quelques tireurs en retour et sur les arrières ; mais ceux-là, bien entendu, doivent être choisis parmi les prudents.

En plaine, cette condition est bien moins importante, et les tireurs, sans prendre rigoureusement le dessous du vent, sont souvent placés sur une route ou le long d'un fossé, selon la disposition du terrain.

C'est qu'en plaine, le gibier, poussé par les rabatteurs, suit ordinairement une direction constante, et qu'on pourrait souvent déterminer à l'avance, les lièvres pour gagner tel ou tel bois, les perdrix pour aller se jeter soit dans quelque grand guéret où rien ne gêne la vue, soit à proximité d'une remise, soit au bois. Un garde qui sait bien placer ses tireurs en plaine est donc un homme précieux.

Une observation presque générale. Pour les perdrix, si les chasseurs sont bordés le long d'une route plantée de grands arbres, peupliers, ormes, etc., il faut avoir bien soin de garder les *brèches*, c'est-à-dire les endroits où les arbres se trouvent plus espacés. Les motifs de cette recommandation sont aisés à comprendre. Placez-vous à l'endroit où sont les perdreaux enfermés dans le rabat, et examinez de loin cette longue ligne d'arbres espacés à intervalles réguliers. S'il s'y trouve un vide, si un arbre a été abattu, c'est le premier endroit qui frappe la vue, qui tire l'œil, comme on dit vulgairement; c'est le point sur lequel presque toujours se dirigeront les perdreaux; c'est donc un de ceux qu'il faut garder avec le plus de soin. Mais, je l'ai dit et je le répète, je ne connais pas de tir plus difficile que celui de la perdrix en battue. A une certaine époque, de guerre lasse, et la rage au cœur, j'avais renoncé à les tirer. Mon Dieu! que ces perdrix m'ont causé de chagrins! Avis aux maîtres!

— J'ai vu hier à Poissy un monsieur qui, sur dix-neuf coups, a tué devant moi dix-neuf perdreaux au rabat, me dit un jour un de mes amis.

— C'est superbe, me bornai-je à répondre.

Depuis, nous avons causé de ce miracle, et puis, mon ami a lui-même acquis une expérience qui lui manquait alors , de sorte qu'à l'heure qu'il est il ne dit plus « j'ai vu... » mais « on m'a dit qu'un jour... » Encore dois-je ajouter qu'il n'en croit pas un traître mot.

Les battues sous bois présentent donc plus de difficultés que celles de plaine, au double point de vue de la direction et des résultats.

Généralement les battues au bois produisent beaucoup au début. Mais, sans compter que les allures du gibier y sont bien plus incertaines, bien moins régulières qu'en plaine, il est aisé de reconnaître que ce diable de gibier (le chevreuil et le faisan surtout) acquiert promptement une expérience qui se traduit par une diminution notable non-seulement dans les résultats obtenus, mais encore et surtout, dans le nombre des pièces levées.

Voyez le chevreuil qui, lors des premières traques, fuyait épouvanté devant les rabatteurs et venait sans difficulté se faire tirer sur la ligne. Avez-vous remarqué comme il a bonne mémoire ? Au bout de quelque temps, admirez comme il *force*, haut le jarret, la ligne des traqueurs, malgré

leurs cris et leurs efforts pour lui faire rebrouss
chemin ? Aussi, ce moment venu, c'est peut-êt
en retour ou sur les arrières qu'il y a le plus
chances de le tirer. Il est donc prudent, quand o
veut un chevreuil, de placer quelques bons fusi
en arrière de la ligne des traqueurs et sur chaqu
côté de l'enceinte, en retour.

Quant au faisan, c'est une autre affaire. En pr
meur, on en voit beaucoup, puis il arrive que l
meilleures enceintes semblent abandonnées. O
lève bien çà et là quelques poules, mais les co
semblent disparaître. Nul doute qu'un certa
nombre, fuyant devant ces battues trop fréquen
ment renouvelées, n'aille chercher dans les b
voisins un séjour plus paisible.

Quant aux autres (et ceux-là sont des mali
au lieu de se lever, ils filent à pattes, se rasent
milieu d'un roncier et laissent passer les rab
teurs. Il faut un excellent chien pour les faire lev
Bien des fois, j'ai pu constater cette manœuvr
et, dans les jours de déveine, quand j'avais beso
d'un faisan, au lieu de prendre place sur la lig
au milieu de mes amis, j'entrais dans l'encei
avec les rabatteurs, et j'en sortais rarement sa
avoir mon affaire. Mais je le répète, il faut un b
chien, intrépide sans être trop ardent, surtou
l'on tombe sur un vieux coq, qui se fait battre a

Battue au bois.

une opiniâtreté que ne désavouerait pas une ma-
rouette de profession.

Reste donc le lièvre, sotte bête s'il en fut, qui
jusqu'au dernier jour, s'en vient au petit galop de
chasse,s'arrêtant de ci de là, se faire casser la tête
par les plus maladroits. Quelques-uns, pourtant,
acquièrent une certaine expérience qu'ils savent
mettre à profit tout comme le chevreuil ; mais ce
sont des exceptions rares.

Généralement la battue n'est pas dirigée contre
le lapin : on en tue cependant, mais beaucoup
moins qu'en chassant en ligne au chien d'arrêt, ou
qu'en faisant attaquer les carrés par quelques
bassets. C'est que le lapin, dès qu'il est levé, n'est
pas uniquement préoccupé, comme le lièvre, de
fuir le bruit que font les rabatteurs ; il s'en soucie,
ma foi, fort peu ; c'est tout au plus s'il fait quelques
centaines de mètres, puis il se relaisse tranquillement au milieu d'une touffe d'herbes, au pied
d'une cépée, quelquefois même il s'aplatit sur un
terrain nu, d'où il ne partira pas qu'on ne lui marche sur la queue.

Tout ce qui précède fait déjà comprendre pourquoi la chasse en battue est généralement en usage
dans la plupart des sociétés montées par actions.

Il est d'autres raisons qui expliquent comment ce
mode de chasse est malheureusement le plus usité.

D'abord un bon chien d'arrêt pour le bois est fort rare (je le redis encore pour le chasseur, comme pour le chien, la chasse au bois est un écueil auquel viennent se briser bien des réputations). En second lieu, si vos bois n'ont pas une certaine étendue, et s'ils renferment autre chose que du lapin, la chasse au chien courant y est à peu près impossible. Pour les environs de Paris, par exemple, c'est déjà fort joli que d'avoir une location de 200 à 250 hectares de bons bois. Or, qu'y pourra jamais être la chasse au chien courant, si, comme cela arrive dans presque tous les cas, ces 250 hectares se trouvent enclavés au milieu de propriétés appartenant à des tiers presque toujours fort jaloux de leurs droits, quelquefois à des rivaux très-disposés à devenir des ennemis, pour peu que les gardes y mettent de la bonne volonté.

Deux propriétaires, deux sociétés voisines se font la guerre : cherchez bien, et vous verrez que les trois quarts du temps la faute première en est aux gardes. Toujours l'histoire de ces deux cochers de fiacre qui ne trouvaient rien de mieux, pour vider leur querelle, que de taper chacun sur le bourgeois de l'autre.

Dans un bois de médiocre étendue, où il n'y a que du lapin, on peut, sans trop d'inconvénients, employer de petits bassets; encore est-il maintes circonstances où de sérieux ennuis ne manqueront pas de se produire. Mais, je le répète, si votre propriété est un peu vive en fauves; si seulement elle est bien peuplée de lièvres, si vos chiens courants sont bien dans la voie, il arrivera, neuf fois sur dix, qu'au bout d'un instant la chasse sera chez le voisin. Concluez.

Cette question de l'emploi des chiens courants, dans la plupart des chasses montées par actions, ne laisse donc pas que d'avoir une certaine importance, surtout aux environs de Paris, et il n'est guère possible de décider ce qu'il convient de faire qu'en tenant compte de considérations particulières et purement locales.

En somme, il faut conclure de ce qui précède que, dans certaines propriétés de médiocre étendue enclavées au milieu de chasses réservées, l'emploi des chiens courants est à peu près impossible. D'un autre côté, il est beaucoup de bois tellement difficiles, tellement fourrés (et ce ne sont pas les plus mauvais) que la chasse au chien d'arrêt y rencontre des obstacles absolus; si habile que l'on soit, quel moyen de tirer dans un bois où l'on peut à peine se mouvoir? Là encore, il faut en revenir au rabat.

J'ai vu quelquefois employer de ces mauvais chiens courants, qui lancent bien, mais ne tiennent pas la voie, de ces chiens, en somme, qui peuvent avoir du mérite pour celui qui chasse seul dans un canton qu'il connaît parfaitement. Ce moyen de tourner la difficulté et éviter la battue, paraît séduisant en théorie; mais dans la pratique, il ne vaut rien pour une société composée de huit ou dix tireurs.

Toutes ces raisons ne doivent pas être considérées dans un sens favorable aux chasses en battue, pour lesquelles, je redis encore, je n'ai pas la moindre tendresse et que ma préoccupation constante a toujours été de restreindre autant que possible.

Voici ce que j'avais trouvé de mieux.

Dans une chasse renfermant du chevreuil (et, Dieu merci! il en existe encore), je veux que le garde fasse le bois avant l'arrivée des sociétaires, et qu'il vienne au rapport, tout comme un valet de limier. Ce n'est pas une si grosse affaire que de rembucher un chevreuil, et j'ajoute que cette obligation retenant votre garde au bois pendant la matinée, en éloignera les chasseurs braconniers, qui ne manqueraient pas de mettre à profit son absence, s'ils le savaient retenu chez lui, avant votre arrivée, par des préparatifs d'intérieur qui sont exclusivement du ressort de sa femme.

Donc qu'on fasse deux ou trois battues le matin

pour avoir un chevreuil, je l'admets et je l'approuve. Mais dès que le but est atteint, je voudrais qu'on s'en tînt là partout où il est possible de chasser autrement pendant le reste de la journée. Tous les bois, heureusement, ne sont pas impénétrables : vous avez bien quelques gaulis un peu clairs, où, par certains temps, vous trouverez à la fois de la bécasse, du lièvre et du faisan. Si avec cela vous possédez quelques landes, de maigres bruyères, un taillis de jeunes bouleaux, vous n'êtes pas trop à plaindre, et vous seriez blâmable, au double point de vue de la prévoyance et du plaisir vrai de la chasse, en vous obstinant à chasser exclusivement au rabat. Donc que votre garde fasse le bois le matin, qu'il remette deux ou trois chevreuils et qu'il vienne au rapport.

— Monsieur, vous dira-t-il, j'ai un chevreuil dans les bordures de la plaine des Granges ; celui-là est un brocard, si je ne me trompe. J'ai deux autres chevreuils dans les taillis des Bordes et deux autres aux Quarante-Arpents.

Vous déciderez alors, suivant la direction du vent et la refuite probable des animaux ainsi reconnus, si vous devez attaquer aux Quarante-Arpents, aux taillis des Bordes ou à la plaine des Granges.

Il y a, du reste, à procéder de la sorte d'autres avantages qui ne sont pas toujours à dédaigner. En

prenant leurs postes, les chasseurs savent à quel
gibier ils ont affaire, et ils chargent en conséquence. Quelques-uns d'entre eux ont, en outre, le
temps de réagir contre cette émotion soudaine
dont ils ne peuvent toujours se défendre, quand un
chevreuil, qui n'avait pas eu la complaisance d'an-
noncer son arrivée, bondit tout à coup à l'impro-
viste et disparaît.

Un seul mot, je vous prie, sur la charge destinée au chevreuil. Quelquefois ce charmant animal,
malgré son extrême vigueur, ne paraît pas avoir
beaucoup plus de vitalité que le lièvre ; dans d'autres cas, il semble s'obstiner à ne pas mourir.

Voulez vous un exemple de cette vitalité? Un
jour un de mes amis tire, au saut d'un routin, un
jeune chevreuil qui n'atteignait certes pas le poids
de 25 livres ; l'animal tombe, la colonne vertébrale
brisée, ou du moins comme paralysée à la hauteur
du train de derrière. Le garde était loin ; mon ami
m'appelle. Par malheur ni lui ni moi n'avions de
couteau ce jour-là. La malheureuse bête, relevée
sur ses jambes de devant, à peu près dans la position d'un chien assis, poussait des cris de douleur
à fendre l'âme. Pour lui éviter de plus longues,
souffrances, mon ami lui envoie, à trois pas, un
nouveau coup de feu au défaut de l'épaule : le
coup porte un peu trop bas et fait une ouverture

béante de 10 centimètres. Sous cette affreux coup, le pauvre animal ne tombe pas, mais se met à trembler sur ses fines jambes, oscillant de droite à gauche, et ne pouvant plus crier sa douleur que par ses beaux yeux. Je vous épargne le reste, lecteur; laissez-moi détourner le regard de ce cruel tableau, dont le souvenir est l'un des plus pénibles que m'ait laissés ma vie de chasseur.

Le même jour me réservait un contraste frappant. Deux ou trois heures plus tard, un vieux brocard, déboulant tout à coup d'un tiré de bas châtaigniers, passait à fond de train devant moi, traversant un grand gaulis fort épais. A tout hasard, et n'ayant rien de mieux à lui offrir, je lui envoie un coup de quatre, et l'animal roule foudroyé, comme un simple lapin. Je n'en pouvais croire mes yeux : il y avait près de 60 mètres, et notez qu'il s'agissait d'un vieux brocard, au bois ravalé, au col large, aux pinces fortes et usées, grande et forte bête, qui semblait devoir porter gaillardement, à cette distance, un tel coup de fusil. Il est vrai que ce coup de quatre était enfermé dans une *cartouche Davoust*, le seul système dont je fasse usage depuis sept à huit ans. Et puis veuillez remarquer, ami lecteur, que j'ai bien écrit : *soixante mètres.* Or soixante mètres, pour un chevreuil, c'est *loin*, très-loin. Aussi n'ai-je pas cité ce fait pour en tirer vanité, ni même pour en faire honneur à cette charge excellente à laquelle, je crois, mon fusil est voué à perpétuité J'ai voulu seulement montrer que, dans certains cas, un chevreuil tombe aussi facilement et plus facilement qu'un lièvre.

Trois ou quatre jours après, un autre de mes camarades de chasse, M. J...., mon voisin de campagne, convié par moi à une destruction de fauves, tire avec du plomb n° 9 une jeune chèvre arrêtée à quinze pas, dans un jeune taillis : la bête, frappée en plein corps, frissonne et se couche tout doucement ; nous l'avons prise sans qu'elle fît un mouvement. Voilà donc un chevreuil tué avec du plomb à bécassine.

En somme, l'effet produit tient principalement à l'endroit où le plomb va se loger ; et de ces divers exemples, que je pourrais multiplier, il faut, malgré tout, conclure qu'il est toujours sage de proportionner la grosseur du plomb à l'animal qu'il s'agit d'abattre.

En ce qui me concerne, je ne suis pas très-partisan du gros plomb, si ce n'est pour les longues distances, c'est-à-dire pour les exceptions. Je pense qu'une pièce de gibier atteinte de sept à huit grains est toujours plus compromise que celle qui n'en reçoit que deux ou trois. Sans doute un seul grain de gros plomb, pénétrant plus profondément, peut atteindre les œuvres vives et jeter bas un animal; mais encore faut-il que ce plomb aille se loger au bon endroit. Chacun à cet égard a une opinion arrêtée et fait un peu ce qui lui plaît plutôt que ce qui est bien. Quant à moi, si je faisais usage du calibre 16, je chargerais, pour le chevreuil, le premier coup avec du 4 et le second avec du 2; mais chassant avec un calibre 12, je mets du 3 et du 0 (petite et grande portée Davoust).

Pour le faisan et le lièvre, j'emploie le 6, et mes amis du calibre 16 ont adopté le même numéro. Par précaution, ou pour redoubler un faisan, un coup de 4 est très-suffisant, car il faut bien remarquer une chose, c'est que presque jamais, au bois, on ne tire de bien loin...., si ce n'est quelquefois un faisan.

Or c'est là surtout, comme pour la perdrix et le lièvre en plaine, que l'emploi d'un numéro de plomb de moyenne grosseur me semble préférable. Sur une dizaine de plombs n° 6, par exemple, qui atteindront un faisan à 35 mètres, il y a des chances pour que l'un d'eux casse une aile, pour qu'un autre frappe la tête ou pénètre à l'intérieur du corps. A la même distance, si vous tirez avec du 4, il peut arriver que l'oiseau ne soit touché que d'un ou deux grains qui ne l'empêcheront pas de vous échapper si l'un de ces grains n'a pas eu l'obligeance de se loger au bon endroit. J'ai tué et j'ai vu tuer bien des faisans avec des cartouches chargées de plomb n° 8.

Pour le lièvre, et tenant compte de ce que la battue permet presque toujours d'attendre que l'animal soit arrivé à bonne portée, je ne dépasse jamais le 6, même à l'arrière-saison. Pour le lapin, je prends du 7, quelquefois du 6, quand les bois sont épais. Pour le tir *à blanc*, je n'emploie que le 8, tout comme à l'ouverture, pour la perdrix.

Toutes ces indications se rapportent, bien entendu, au plomb le plus généralement répandu. Mais, comme les numéros varient avec les fabricants, il est prudent de s'assurer *de visu* que l'inscription timbrée sur les sacs est une honnête inscription. Un jour, j'envoie chercher du plomb à loup : on m'apporte de la cendrée microscopique : c'est que le marchand comptait les numéros à rebours, le 14 étant le plus gros et le quadruple zéro le plus petit.

Pour en revenir à l'emploi des chiens à la chasse au rabat, je dirai que bien des chasseurs, qui se font accompagner de leur collaborateur ordinaire, devraient, le plus souvent, laisser leur bête à la maison. Pour le rabat, il faut que le chien comprenne qu'il doit se borner à un rôle passif et ne pas bouger qu'il n'en ait reçu l'ordre. J'ai possédé un chien parfait sous ce rapport : mon brave Mac laissait venir à moi, jusque dans mes jambes, jusqu'au bout de son nez , faisans, lièvres et lapins. Rasé, au fond d'un fossé le nez au bois, l'œil enflammé, les membres agités d'un petit tremblement convulsif, qui seul dénotait son émotion, il ne bougeait jamais que mon coup de feu ne lui eût donné le signal. Le chevreuil, seul, l'animait un peu dans le principe ; mais, dans les dernières années de sa trop courte vie, il avait mis une sourdine à ses ardeurs intempestives ; il avait certainement compris l'inanité de ses poursuites quand elles n'étaient pas précédées d'un bon coup de fusil. Il faut du temps pour amener un chien à cet état de docilité.

Quand il a pris les ordres du président de la chasse, c'est au garde qu'incombe la tâche délicate de conduire les battues et de faire marcher la petite troupe de traqueurs placée sous sa direction, tâche souvent difficile, pour laquelle il faut à la fois de l'énergie et du jarret, avec la connaissance parfaite des lieux et des habitudes du gibier. C'est le garde qui dirige les diverses manœuvres desquelles dépend le succès; c'est lui qui place les rabatteurs, qui modère ou accélère la marche du centre ou des ailes, c'est lui qui doit se porter aux endroits où sa présence semble nécessaire; c'est un capitaine auquel tous ses hommes doivent une obéissance absolue, sous peine de voir les plus belles espérances se réduire à de honteuses défaites.

Une chose essentielle, c'est de bien indiquer, de bien expliquer l'ordre et la marche de chaque battue. On ne saurait trop insister pour que chacun comprenne bien comment seront menés les rabats, où ils doivent commencer, où ils doivent finir. Ceci est indispensable, surtout dans le cas assez fréquent où, les tireurs d'un côté, les rabatteurs de l'autre, doivent se mettre en marche dans une direction opposée pour gagner une enceinte quelquefois assez éloignée. Il m'est arrivé, en compagnie de dix tireurs, de rester, pendant une heure et plus, au port d'armes, le long d'une enceinte, attendant les rabatteurs qui avaient pris une enceinte voisine ! C'est seulement en entendant au loin, comme une dérision, le cri : « Chevreuil ! Chevreuil ! », habituellement si doux à l'oreille, qu'on s'apercevait du malentendu. « On n'avait pas compris. » J'ai vu des rabats conduits sur une route qui n'était gardée par aucun tireur; j'ai même vu des rabatteurs se payer la fantaisie d'un rabat en plaine, pendant que les chasseurs les attendaient sous bois, à plus d'un kilomètre ! Après celle-là il faut tirer l'échelle.

Ne craignez donc jamais d'entrer dans toutes sortes d'explications pour bien faire comprendre les manœuvres à exécuter.

Cette aubaine hebdomadaire des chasses en battue n'est pas à dédaigner pour les ouvriers des campagnes : c'est un autre salaire qui vient augmenter leurs maigres ressources habituelles. Cependant, et tant il est vrai que le mal est souvent la récompense du bien, il est très-difficile de recruter un personnel de rabatteurs passables; et quand, par bonheur, il se trouve dans la bande un ou deux hommes sur lesquels on peut compter, il faut s'estimer heureux. A ceux-là, les postes d'honneur, les dignités et aussi la haute paie! Ce sont eux qui seront placés à chaque extrémité de la ligne dont le garde occupe le centre, et qui concourront avec lui à conduire les traques dans de bonnes conditions, c'est-à-dire, autant que possible, le centre rentrant et les ailes un peu avancées ; ce sont eux qui gourmanderont les flâneurs, les paresseux, qui les maintiendront dans la bonne ligne quand la fantaisie leur prend de marcher par groupes de deux ou trois, laissant ainsi, sans les battre', de grands espaces de terrain; ce sont eux encore qui auront à manœuvrer avec promptitude et décision pour rejeter dans l'enceinte les animaux cherchant à s'échapper par la tangente; manœuvre délicate, qui, pour bien réussir, demande à être exécutée avec à propos.

C'est qu'il ne suffit pas, en effet, pour qu'une enceinte soit battue, qu'une douzaine d'hommes la traversent à la diable, en bavardant. Cela se nomme jouer au petit bonheur, où l'on gagne rarement. Tous les traqueurs doivent être espacés à égale distance, et c'est précisément dans les parties les plus fourrées du bois que ces distances doivent se rapprocher. Si vos hommes se contentent de marcher dans les clairières, dans les petits routins, dans les coulées, ils ne feront rien de bon. C'est, le plus souvent, sous les fourrés de ronces et d'épines que se relaisse le gibier. Il m'est arrivé plus d'une fois, marchant avec les rabatteurs, d'apercevoir dans un roncier un chevreuil rasé, le col entre les jambes, les oreilles basses, ne semblant avoir de vivant que les yeux. Il en est de même du lièvre, du lapin, du faisan et aussi du sanglier. Cette année, en Champagne, dans une forêt louée par une société de Paris, un rabatteur aperçoit une bête de forte taille rasée au pied d'un chêne, au milieu d'un fourré d'épines; ni les cris de cet homme, ni les coups frappés sur le buisson ne purent décider la bête à lever le pied, de telle sorte que le garde, éloigné de deux cents mètres, eut le temps d'arriver et de loger une balle dans l'écoute, à cet animal entêté. C'était une laie !

Le garde doit donc s'attacher à connaître chacun des traqueurs, hommes ou gamins, qui composent son personnel... battant. Les gamins ont du bon, ils sont intrépides et passent partout; mais ils jouent et bavardent. L'un d'eux, un diable à quatre, le loustic du pays, me présentant son père, qui n'avait pas encore *travaillé* pour nous :

— N'ayais pas peux, M'sieu, me dit-il, y va bin, allez; c'est d'la graine de rabateux !

Il faut veiller aussi à ce qu'un braconnier ne se faufile pas dans la bande. On braconne de toutes les façons. Tenez, ce coq faisan qui, sous votre coup, vient de tomber là-bas, au pied de ce grand bouleau : un des rabatteurs s'élance pour le ramasser; il cherche et ne trouve rien. — « C'est qu'il n'était que démonté, monsieur ! » Le garde arrive avec un bon chien, qui quête et tombe à bout de voie, requête et retombe à bout de voie. Ne cherchez plus : et, si vous avez confiance dans votre chien, flanquez-moi dehors le rabatteur; mais que le garde ait l'œil sur lui: peut-être, le soir même, le gredin se fera-t-il pincer, venant, à la faveur de la nuit, chercher votre faisan, qu'il avait mis à l'ombre dans l'enfourchement d'une cépée.

Je suis d'avis que les rabats sont toujours trop

bruyants. Je n'aime pas ces cris de chiens en détresse poussés par les gamins, ces grands éclats de voix, ni ces chants, ni ces crécelles, qui sont plus nuisibles qu'utiles au but qu'il s'agit d'atteindre. Si tout ce bruit ne dépassait pas les limites de l'enceinte gardée par les tireurs, il n'y aurait pas grand mal ; mais il n'en est pas ainsi. Tout ce tapage a pour effet immédiat de prévenir le gibier du voisinage qu'il est prudent de se tenir en garde et de filer. Le chevreuil n'y manque pas.

C'est à l'observation rigoureuse de toutes ces précautions, qui peuvent sembler minutieuses, que tient presque toujours la réussite.

Il en est du bruit comme du vent : prenons un exemple. Le vent nous souffle en plein visage ; les rabatteurs viennent sur nous. Cela est bien pour ce premier carré ; mais nous oublions que, pendant que nous sommes là, ventre au bois, à bon vent de ce premier carré, nous sommes à mauvais vent de celui qui se trouve derrière nous. Afin de me mieux faire comprendre, supposons, si vous le voulez bien, une feuille de papier à lettre partagée en quatre parties, horizontalement, de gauche à droite, dans le sens de la hauteur ; ce sont quatre enceintes séparées par quatre routes : les enceintes n°s 1, 2, 3, 4, les routes 1, 2, 3, 4, en commençant en haut de la feuille et en finissant au bas. Le vent vient d'en haut. Si nous plaçons les tireurs à bon vent dans la route n° 1, les rabatteurs venant sur eux, tout le gibier renfermé dans l'enceinte n° 2 se trouvera lui-même à bon vent des tireurs et des rabatteurs, et filera dans l'enceinte n° 3. Le premier rabat fini, les tireurs venant se placer dans la route n° 2, où les traqueurs vont conduire la seconde battue, se trouveront dans les mêmes conditions par rapport au gibier de l'enceinte n° 3, qui filera dans l'enceinte n° 4, et toujours ainsi. De telle sorte que, bien qu'étant toujours à bon vent, les chasseurs n'auront jamais connaissance du gibier qui, sans cesse, fuira derrière eux. Le même inconvénient n'aurait pu se produire si les rabats avaient été pris dans le sens contraire, c'est-à-dire si les tireurs s'étaient d'abord placés tout en bas, dans la route n° 4 (les rabatteurs leur amenant le gibier de l'enceinte n° 4), puis dans la route n° 3, pour remonter dans la seconde et enfin dans la première, où il faut bien, en somme, que se trouve le gibier qui aurait pu s'échapper par hasard, si les refuites de chaque côté ont été soigneusement gardées.

Le lecteur me pardonnera d'insister avec un tel soin sur ce point délicat. C'est que dans toutes les chasses auxquelles j'ai assisté, la faute que je signale est celle que j'ai vu le plus fréquemment commettre, et contre laquelle on ne saurait trop se mettre en garde.

Cette manœuvre, bien simple, et plus facile à faire comprendre sur le terrain que sur le papier, a une importance capitale ; c'est un des meilleurs moyens de combattre les finesses du chevreuil et d'avoir raison de sa méfiance. Je ne parle pas, bien entendu, de ces chevreuils de parcs, bêtes quasi apprivoisées, qui n'ont rien de commun avec ces animaux sauvages, alertes, habiles à se défendre, avec lesquels, Dieu merci ! nous sommes obligés de nous mesurer le plus souvent.

Donc, dans la plupart des cas, et à moins qu'il ne s'agisse de battues aux sangliers, mon avis est que les traqueurs doivent se borner à frapper de leurs bâtons les arbres et les baliveaux, à bien battre les fourrés ; ils doivent traverser tous ceux qui n'opposent pas à leur marche des obstacles infranchissables et s'escrimer de leur mieux sur les autres, à grands coups de gourdin ; en un mot il faut qu'ils battent bien, plutôt que vite. Si avec cela ils prennent soin de signaler le départ de chaque pièce qui se lève devant eux, cela sera suffisant, et vous ne tarderez pas à reconnaître les avantages de ce mode de procéder.

Quelquefois, afin d'éviter les cris exagérés des rabatteurs au départ d'une pièce de gibier, on remet à chaque homme un petit cornet de chasse, et selon la bête, chevreuil, lièvre ou faisan, on convient qu'il sera sonné un, deux ou trois coups. Mais, dans ce cas, celui seul devant qui se lève la pièce, doit donner le signal convenu, car si tous cornent à la fois au départ d'un faisan, il devient impossible de s'y reconnaître, et le but est manqué. Il ne doit être fait d'exception que pour le chevreuil, que chaque homme peut signaler au passage pour indiquer la direction suivie par l'animal.

Cette méthode a du bon, quand elle est bien exécutée.

Il est impossible, naturellement, d'indiquer aucune base en ce qui concerne le salaire à donner aux rabatteurs: autant d'endroits, autant de tarifs différents. Mais il est une mesure que j'ai vu quelquefois appliquer à ces hommes, et qui ne me semble pas devoir être absolument rejetée : je veux parler des amendes ou retenues imposées par le garde à ceux qui s'acquittent mal de leur besogne, à ceux qui causent ou fument en allant prendre leur poste avant que les tireurs aient gagné le leur, etc. Un rabatteur renvoyé devient quelquefois un braconnier d'autant plus redoutable qu'il connaît mieux le terrain; une retenue de quelques sous lui est moins sensible et ne saurait avoir les mêmes conséquences. Cette retenue, d'ailleurs, est la contre-partie des hautes paies accordées pour récompenser les efforts, les fatigues, et quelquefois les souffrances de ces pauvres gens, dans ces jours pluvieux où, comme ils le disent avec raison, « *y a du tirage* ». Quoi qu'il en soit, c'est une affaire de laquelle le chasseur n'a point à se mêler; elle est du ressort exclusif du garde qui choisit ses hommes et les paie lui-même, sans que son maître ait à intervenir autrement qu'en tirant l'argent de sa poche.

Nous n'avons pas grand chose à dire des chasseurs eux-mêmes. Tout leur mérite, une fois qu'ils sont en place, consiste à se bien cacher et à tirer le plus juste possible. Pour éviter des contestations et quelquefois des discussions, pour couper court à des ardeurs maladroites, toujours inconvenantes et fort souvent préjudiciables au succès commun; pour mâter ceux qu'on nomme vulgairement des ambitieux, on tire habituellement au sort une série de numéros indiquant l'ordre dans lequel chaque chasseur devra se placer : ces numéros, naturellement, peuvent s'échanger de gré à gré, soit qu'un actionnaire désire avoir pour voisin son invité, soit qu'un mauvais marcheur ait eu précisément la mauvaise chance de se trouver placé en tête de l'aile marchante, soit pour toute autre cause.

Les tireurs placés ventre au bois, le long de la

ligne, ne doivent plus tirer dans l'enceinte à partir du moment où les rabatteurs sont assez rapprochés pour qu'il soit à craindre de leur envoyer du plomb. Je sais même bien des chasses où il n'est permis de tirer qu'après que les animaux ont franchi la ligne et jamais avant. Mais de la défense aux faits, il y a loin, et je n'ai jamais vu cette règle réellement observée. Il est bon, cependant, de la poser.

D'ailleurs, sous prétexte de tirer à la rentrée, on tire dans la ligne, et le danger n'est que déplacé : avis aux tireurs.

Il y a quelques années, à Mortcerf, nous étions bordés, une dizaine de tireurs, dans un petit routin large d'un mètre cinquante, tout au plus ; à l'angle du carré, gardant à la fois sa part du routin et une jolie route départementale, se trouvait un monsieur invité par un de nos amis. On crie au chevreuil ! L'animal, longeant la ligne des tireurs, passe à mon voisin de droite qui le roule, sans l'arrêter ; le voisin de mon voisin le *reroule* à son tour ; l'animal, se traînant et se culbutant, veut traverser le routin. J'entends crier : Il est mort, ne tirez pas ! mais un dernier coup de fusil se fait entendre. En même temps, mon ami H... pousse un cri et s'affaisse ; mon voisin de droite, frappé lui-même, laisse tomber son arme et porte les deux mains à sa

poitrine. Quant à moi, j'entends siffler le plomb,
mais comme je suis mince, je passe au travers.
— C'était l'invité du coin qui venait de faire ce
beau coup ! La vue du chevreuil lui avait fait perdre la tête ; son plomb avait enfilé le routin et trois
personnes se trouvaient atteintes, l'une d'elles
assez gravement.

Quand on fut revenu de la première émotion, et
qu'on vit, en somme, que personne n'était mort,
ni aveugle ni borgne, savez-vous ce que dit le
héros de l'aventure, pour s'excuser :

— Heureusement, Monsieur, que je me suis
trompé ! Je voulais tirer mon second coup, des
chevrotines ! Vous avez de la chance.

Sapristi, je crois bien !

Choisissez vos invités, ami lecteur.

Dans ces numéros qu'on tire au sort, il y a de
bons et de mauvais lots, et de façon à équilibrer
les chances, je citerai, au milieu de mille combinaisons plus embrouillées les unes que les autres,
le moyen qui me paraît à la fois le plus simple et
le plus équitable. Ce moyen consiste tout bonnement à procéder à un nouveau tirage au milieu de
la journée. Tant mieux pour ceux que la chance
favorise, tant pis pour les malheureux. Il en est
un autre qui a aussi du bon, c'est que les deux
numéros du milieu se placent à leur tour aux deux

extrémités, et les extrémités au centre, les autres suivant par ordre.

D'ailleurs, il n'est pas toujours aisé de dire que tel numéro vaut mieux que tel autre, et ceux qui sont mal partagés doivent se consoler en pensant que les allures du gibier ont de ces bizarreries inexplicables, qui sont la suprême ressource des malheureux. Que ces malheureux tâchent de se consoler avec cela !

Une recommandation qu'il ne faut jamais omettre de faire, ne fût-ce que pour l'acquit de sa conscience, c'est qu'aucun tireur ne bouge de la place qui lui a été assignée.

Votre voisin, qui vous croit resté derrière ce chêne où vous avez été placé, pourra tirer dans la cépée voisine où vous avez jugé préférable de venir vous cacher. Vous pouvez encore recevoir du plomb, si vous vous jetez follement sous bois à la poursuite d'une pièce que vous venez d'atteindre.

Mais, je le sais, c'est là prêcher dans le désert, et cette sage recommandation, à laquelle, pour ma part, je ne manque jamais de me conformer, est bien rarement observée.

C'est seulement quand on a été témoin d'accidents graves, qu'on apprend à devenir prudent.

Il est entendu qu'on ne doit pas fumer à la chasse au rabat quand il s'agit du chevreuil. Certainement on ne doit pas fumer, on ne doit pas causer, non plus. Ce qui n'empêche pas que j'ai vu, il y a bien peu de temps, par trois et quatre fois dans la même journée, des chevreuils sauter dans les jambes d'un gros monsieur, fumeur, bavard, et qui ne semblait pas se douter qu'il est un dieu pour les innocents.

Dans chaque société de chasse, il existe des règles particulières relatives aux invitations. Je ne suis pas ami des entraves, mais je déclare, sans rougir, que je préfère une mauvaise règle à l'absence de toute règle.

Quand on a fixé d'un commun accord, selon l'étendue et les ressources giboyeuses de la propriété, le nombre d'invitations dont chaque actionnaire pourra disposer dans l'année, il me semble que ce qu'il y a de mieux est de consacrer cette décision par la délivrance d'un égal nombre de cartes d'invitation : vous avez droit à quinze invitations, par exemple, vous recevez quinze cartes. Il a été décidé, en outre, que le nombre des invités ne dépasserait pas cinq personnes par jour de chasse. Vous êtes dix actionnaires; cinq d'entre vous pourront donc se faire accompagner d'un ami le premier jour ; le tour des cinq autres viendra le jour de la réunion suivante. Il est donc facile de dater à l'avance les cartes de ces deux séries d'invitations; vous avez choisi, par exemple, le 1er et le 15 du mois, j'aurai, moi, le 8 et le 22. Si vous avez plusieurs réunions par semaine, vous aurez d'autant plus de facilités.

Il va sans dire que ces cartes peuvent s'échanger entre les actionnaires, de même qu'un actionnaire, qui n'a pas d'invité, peut prendre à son compte l'invité d'un camarade si celui-ci désire amener le même jour deux personnes.

Mais, croyez-moi; là encore, vous auriez tort de vous laisser aller dans la voie funeste des exceptions. Cédez une fois, deux fois : au bout d'un mois, l'exception sera devenue la règle, et vous serez emporté au-delà de toutes vos prévisions. J'ai vu dix et douze invités, le même jour, dans une chasse qui n'en comportait qu'un ou deux. Soyez convaincu, si désagréable que cela vous paraisse au début, qu'il vous en coûtera moins de faire respecter la règle sage, prévoyante, que vous aurez établie d'un commun accord, que d'avoir à revenir sur des habitudes contractées par suite de faiblesses successives. Un beau matin, vous trouverez, à la gare de départ, votre ami X***, en compagnie de trois ou quatre invités, « qu'il ne pouvait se dispenser d'amener », et qu'il espérait répartir entre ses co-actionnaires. Ceux-ci, par malheur, ont également amené chacun un camarade; et puis les quatre personnes qu'on vous présente sont des hommes charmants, fort innocents de la maladresse commise par votre associé; il est impossible de les laisser là.

— Soyez les bienvenus, Messieurs! Traduction: Le diable soit de ce nigaud de X*** !

Rien n'est plus simple que d'envoyer ou de remettre à un ami un joli petit carré de carton glacé, portant la date du jour de l'invitation, et *mentionnant au revers les dispositions du règlement qui sont d'ordre général*. Le procédé, ce me semble, n'a rien de choquant, et une fois l'habitude prise, tout marche sans difficultés.

Ces dispositions d'ordre général se rapportent aux mesures qui ont été arrêtées entre les actionnaires : les amendes, par exemple.

Là, nous touchons à un sujet délicat; mais, au point où j'en suis, je ne saurais exprimer de scrupules hypocrites, et je déclare tout de suite que je suis un chaud partisan des amendes.

Ai-je besoin de répéter que je ne conçois pas le meurtre d'une poule faisane? Il est des chasses où une interdiction absolue protége également les chevrettes contre les coups des chasseurs, même à l'époque où les brocards ont perdu leurs bois. J'ai vu dans ma vie bien des chevreuils; mais j'avoue qu'il faut une grande habitude pour distinguer d'un coup d'œil le sexe d'un animal bondissant sous bois, à l'époque où les brocards ont perdu leur tête. Néanmoins, si ce coup d'œil vous manque encore, ne vous désolez pas ; laissez faire le temps, et surtout, si la chose est possible, tirez beaucoup de chevreuils.

Dans certaines chasses bien dirigées, une disposition prévoyante s'applique en même temps aux lièvres, et modère ces destructions insensées qui auraient pour résultat l'anéantissement complet de la race si elles étaient pratiquées partout.

Ces dispositions sont consacrées par des amendes.

En ce qui concerne les poules faisanes, je suis d'avis qu'il y ait deux tarifs : l'un depuis l'ouverture jusqu'au 1ᵉʳ novembre, l'autre depuis cette date jusqu'à la fermeture. Fixée à 10 francs jusqu'au 1ᵉʳ novembre, à partir de cette date l'amende était de 25 francs dans plusieurs chasses dont j'ai fait partie. Ces prix n'ont rien d'exagéré. — Quand on considère le préjudice que cause à une chasse la destruction d'une poule, née au bois, bien acclimatée, on est forcé de reconnaître que l'amende de 25 francs est inférieure à la faute commise ; à plus forte raison celle de 10 francs pour les poulettes me semble-t-elle devoir être relevée.

Vous ne pouvez donc moins faire que de maintenir ces prix. En les élevant, vous feriez bien, si vos amis savaient que cette disposition n'est pas simplement comminatoire, platonique, et que vous l'appliquerez sans merci. Il n'y a pas d'excuses que je ne rejette absolument ; ni la qualité d'invité, ni l'inexpérience, ni la précipitation ; à cet égard, je refuse de rien entendre : laissez échapper dix coqs, mais ne tirez jamais une poule.

Nous faisions l'autre jour, avec un ami, la récapitulation des faisans tués chez lui pendant la dernière saison. Cet ami a une modeste chasse dont le plus grand mérite consiste dans la gracieuseté de son président, et aussi dans l'abondance du lapin, ce qui est à compter. Mais le faisan n'y foisonne pas, tant s'en faut. A partir du 15 décembre seulement, il a été interdit de tirer les poules. Or du 1er octobre, jour de l'ouverture, au 15 décembre, ces messieurs avaient tué quarante-neuf faisans, dont... six coqs ! Que le voisin en ait fait autant, et jugez vous-même ! Et puis, comptez ce qu'auraient donné pour la saison prochaine ces quarante-trois poules, si on leur avait laissé la vie.

Des amendes donc, des amendes, ami chasseur ! Dites si vous voulez que je suis féroce ; mais je ne sors pas de là.

L'objection me fait sourire qui consiste à s'apitoyer sur le sort de ce pauvre invité qui n'aura eu, dans toute la journée, qu'une seule occasion

de tirer, et quelle occasion? une poule ! En sorte
que le malheureux n'aura pas brûlé une amorce.
Cela est cruel, sans doute et j'en suis moi-même
au désespoir. Mais, saprelotte ! c'est le seul moyen
de lui épargner dans l'avenir la même déconvenue,
à cet invité. Et s'il est encore malheureux dans
huit jours, eh bien! il tuera des coqs l'an prochain!
— C'est bien long, l'an prochain ! — C'est bien
long?... En ce cas, faites ce que bon vous semble; mais, pour Dieu ! ne vous plaignez plus, et
épargnez-nous vos lamentations sur la diminution
du gibier et vos dissertations savantes sur les remèdes à appliquer à cette malheureuse loi cynégétique, que je ne demande pas mieux que de voir
rapporter, mais qui, malgré tout, n'est pas coupa-
ble de nos propres fautes. A bon entendeur, salut!

Vous voyez que je suis conservateur à outrance :
il est donc naturel que j'approuve la limitation du
nombre des pièces que doit tuer dans une journée
chaque actionnaire d'une société de chasse. Mais
encore est-il bon de s'entendre. Je comprends
que pour ménager la reproduction des lièvres, on
convienne de ne pas dépasser un certain nombre
de victimes en rapport avec les ressources de la
propriété; je consens fort bien à admettre que
chaque tireur ne devra pas tuer plus de deux,
trois ou quatre lièvres, quand la prévoyance exige

qu'on ménage ce précieux gibier. Je suis même
d'avis qu'une bonne petite amende, inscrite au règlement, soit toujours là, comme une menace de
Damoclès, pour modérer les ardeurs destructives
des têtes légères. Mais, je ne puis admettre, à aucun point de vue, qu'on soit limité pour le lapin
ou la perdrix; excepté, bien entendu, pour celle-ci
à l'époque de la pariade, où il est insensé, où il
est honteux de la détruire. — Si vous n'avez pas
de lapin, sur quoi pouvez-vous vous rejeter? Pas
sur le faisan, j'imagine, non plus sur le lièvre.
Que reste-t-il en ce cas?

Je sais bien que limiter le nombre des lapins,
c'est en conserver pour la fin de la saison une certaine quantité qui est détruite en primeur; mais
cela n'est pas un motif suffisant, attendu qu'en raison même de l'abondance du lapin, à l'ouverture
de certaines chasses de bois, il ne faut pas longtemps à bon tireur pour tuer cinq, six ou huit lapins, si c'est là l'extrême limite que vous avez fixée.
Or si (comme dans telles propriétés que je connais) le lapin est à peu près le seul gibier sur
lequel il soit possible de compter; si le lièvre et
le faisan ne sont là qu'à titre de curiosités, je vous
le demande, dites-moi ce que fera le reste de la
journée celui qui aura atteint son maximum à dix
heures du matin? Il n'a plus qu'à plier bagage.

On me dit qu'en ménageant le lapin, les malheureux et les maladroits, qui tuent toujours quelque peu au début, verront leurs petits succès se continuer plus avant dans la saison. Voulez-vous que je vous dise, moi, ce qui convient mieux encore à ces malheureux et à ces maladroits qui, dans les sociétés de chacun pour soi, rentrent bredouilles dix-neuf fois sur vingt? Ce qui leur convient davantage, ce qui fait bien mieux leur affaire, ce qui est équitable, et en somme convenable..., c'est tout bonnement le partage du gibier.

Eh! mon Dieu, s'il vous manque des lapins en fin de saison, vous en remettrez; ce n'est pas une affaire, et il n'y a pas là de quoi s'alarmer comme s'il s'agissait du lièvre ou du faisan.

La seule question dont il nous reste à nous occuper est donc une simple question de convenance, on pourrait dire de courtoisie. Nous avons vu que, dans une chasse de société, tout doit être commun, dépenses, plaisirs, tout jusqu'au gibier.

Je suis donc d'avis que les pièces abattues soient partagées le soir non pas seulement entre les actionnaires, mais entre tous les tireurs présents. En effet, ne serait-il pas suprêmement deplacé que les invités fussent exclus de ce partage?

Toutefois, comme il est équitable, en somme, que ceux qui le veulent ainsi puissent profiter, dans une certaine mesure, de leur supériorité ou de leur modeste savoir-faire, il me semble qu'on peut, sans inconvénient, admettre un petit prélèvement avant le partage. Ce prélèvement, selon l'abondance du gibier, sera d'une, deux ou trois pièces.

Voici donc comment nous opérions dans notre ancienne société. Quand je dis voici comment nous opérions, je me trompe; je devrais dire, voici quelle était la règle : car, unis presque tous, par une affection toute cordiale, nous ne comptions guère, et celui qui avait besoin de gibier choisissait dans le tas sans que jamais personne, que je sache, ait eu l'occasion de se plaindre d'un abus, sans que jamais quelqu'un de nous ait eu à regretter un défaut de discrétion. Un actionnaire ou son invité avaient-ils été malheureux par hasard, un de ceux que la chance avait favorisés, disait simplement :

— Voyez mon carnier, c'est le Blond qui le porte.

Et son camarade ne se faisait point de scrupules d'y puiser selon ses besoins.

Donc, chez nous, dans cette aimable société maintenant dispersée, chaque tireur avait le droit (dont il n'usait guère), de prélever deux pièces à son choix dans le nombre de celles qu'il avait abattues : le reste était mis à la masse sur la table de la salle à manger. On faisait des lots aussi égaux que possible ; sur chacun de ces lots, on plaçait un numéro, de un à dix, par exemple, s'il y avait dix tireurs ; dix autres numéros, déposés dans un chapeau, faisaient le tour de la salle, chacun y plongeait la main et fourrait dans son sac la part qui lui était échue.

Ceux qui avaient déjà prélevé leurs deux pièces participant comme les autres à ce tirage, y trouvaient une compensation au sacrifice qu'ils avaient fait en abandonnant une partie de leur gibier ; et tous étaient contents.

Laissez-moi dire à ceux que choque ce partage (au point que c'est certainement, une des causes inavouées qui empêchent bien des chasseurs d'entrer dans une société de chasse), laissez-moi leur dire qu'ils sont véritablement cruels. Voyez-moi ce pauvre garçon accablé sous le poids de la bredouille, ces yeux éteints, ce front soucieux, roulant la triste pensée du retour au logis ! Voyez-le renaître à la vie, à la joie, se transfigurer, quand vous lui mettez dans la main ces quelques pièces qu'il n'avait pu cueillir lui-même ! Et, croyez-moi, félicitez-vous de ce bonheur que vous voyez, comme une fleur s'ouvrant au soleil après la pluie, s'épanouir sous votre bienfaisante générosité. Voyez - le : quel changement à vue, quel coup de jarret, quelle allure gaillarde, quelle mine fière, à la descente du wagon! Voyez et jouissez; voilà un heureux, et c'est votre ouvrage! Et puis, sans fausse modestie, vous pouvez prendre votre part du légitime orgueil avec lequel, en rentrant chez lui, il va déposer aux pieds de Madame ses dépouilles opimes; et si quelque tendre félicitation lui est accordée, dites-vous tout bas, bien bas, qu'en bonne justice, il devrait bien vous en revenir quelque chose!

Du reste, pour un vrai chasseur, pour un galant homme, *le gibier mort n'a plus de maître.*

Nous sommes donc arrivés à la conclusion de ce travail. Je copie le règlement qui servait de base à cette société, aujourd'hui détruite, et qui nous a laissé à tous de si chers souvenirs. Je ne vous dis pas de calquer le vôtre sur celui-ci; mais en faisant quelques modifications qui peuvent être commandées par les circonstances, peut-être y trouverez-vous les éléments d'une réglementation sage, conservatrice, sans laquelle les plus belles chasses tombent à rien.

Nous supposons, pour plus de clarté, une société composée de dix chasseurs, y compris le titulaire.

SPÉCIMEN DE RÈGLEMENT.

M. X....., titulaire du droit de chasse dans les terres et bois de........................ s'adjoint NEUF actionnaires et cède à chacun d'eux, pour une saison, une action dans ladite chasse, moyennant le prix de .... fr.

La jouissance du droit de chasse de chaque actionnaire sera réglée par les dispositions suivantes :

CHAPITRE Iᵉʳ.

(Actions.)

ART. 1ᵉʳ. — Chaque action est valable pour une saison de chasse, laquelle courra à partir du jour de l'ouverture ; la durée de l'action ne pouvant jamais dépasser le jour de la fermeture, quelle que soit l'époque à laquelle cette action aura été prise.

ART. 2. — Le montant de chaque action sera versé entre les mains du titulaire, le jour où l'actionnaire donnera son adhésion.

Il sera remis, en échange, une carte d'actionnaire conforme au modèle annexé au présent règlement.

ART. 3. — Aucune action ne peut être divisée.

Aucune, non plus, ne peut être cédée à un tiers sans le consentement du titulaire et l'agrément de la majorité des actionnaires.

CHAPITRE II.

(Dispositions générales. — Mesures d'ordre. — Chasses.)

Art. 4. — Les chasses auront lieu tous les dimanches et tous les mercredis (1).

L'ordre et la conduite des battues sont réglés par les soins du titulaire, qui peut d'ailleurs déléguer la direction des chasses à l'un des actionnaires, lequel prendra le titre de président.

Art. 5. — Un numéro, tiré au sort, indique à chaque tireur la place qu'il doit occuper dans les battues ou dans la chasse en ligne ; les numéros peuvent être échangés , par un consentement réciproque.

Art. 6. — Dans l'intérêt de la sécurité commune , aucun tireur ne doit quitter le poste où il est placé dans les battues.

Cette disposition est absolue et, sous aucun prétexte, elle ne doit être éludée ou méconnue.

Une amende de 20 francs sera payée en cas de contravention constatée (2).

Art. 7. — Pour des raisons analogues, les tireurs devront éviter de quitter leur place , avant la fin des battues, pour se jeter dans l'enceinte à la poursuite d'un animal blessé.

Art. 8. — Le tir à balle est interdit (3).

Art. 9. — Il ne peut être tué plus de trois chevreuils par jour de chasse , et il ne pourra être dérogé à cette disposition qu'en vertu d'une autorisation formelle du titulaire.

(1) Quand on chasse deux fois par semaine, il est quelquefois préférable de laisser le plus long intervalle entre le jour de semaine et le dimanche, où les actionnaires sont ordinairement plus assidus.

(2) Cette disposition est fort importante, surtout dans les chasses où se trouvent de grands animaux, qu'il faut tirer avec de gros plomb.

(3) Il est à la fois inutile et dangereux, quand on n'a que du chevreuil, d'employer autre chose que du plomb.

Chaque chevreuil est partagé entre tous les tireurs présents, la tête et un cuissot étant réservés de droit à celui qui a tué l'animal.

Art. 10. — Chaque tireur ne peut tuer plus de deux lièvres, par jour.

Une amende de 10 francs est payée pour chacun des lièvres tués en excédant.

Depuis le 15 décembre jusqu'à la fermeture, chaque tireur ne doit plus tuer qu'un seul lièvre par jour de chasse.

En cas de contravention, l'amende est de 15 francs.

Art. 11. — Il est interdit de *tirer* les poules faisanes.

En conséquence, une amende de 10 francs sera payée pour le meurtre d'une poule, depuis le jour de l'ouverture jusqu'au 1ᵉʳ novembre. Passé cette époque, ladite amende est élevée à 25 francs.

Art. 12. — Le montant des amendes sera employé soit au repeuplement en fin de saison, soit à l'élevage du gibier, soit au payement des indemnités pour dégâts de gibier, soit, s'il y a lieu, en gratifications aux gardes ou gendarmes, en raison de faits spécialement appréciés.

L'emploi de ces amendes sera, d'ailleurs, voté à la majorité des voix.

CHAPITRE III

(*Invitations.*)

Art. 13. — Quatre-vingt-dix invitations annuelles sont offertes aux actionnaires par le titulaire de la chasse, soit dix invitations par actionnaire (1).

Toutefois, le premier jour est exclusivement réservé aux actionnaires.

Pour qu'il soit dérogé à cette disposition, il faut une décision contraire, prise à la majorité des voix.

Art. 14. — En conséquence de la précédente disposition,

---

(1) Si vous chassez deux fois par semaine, il va sans dire que vous pouvez augmenter le nombre des invitations.

chaque actionnaire, en même temps que sa carte personnelle, recevra dix cartes d'invitation dont il disposera à tour de rôle avec ses co-associés dans l'ordre indiqué par le sort, mais de manière à ne dépasser, dans aucun cas, le nombre de quatre invités, par chaque jour de chasse, pour la totalité des actionnaires.

Le titulaire et le président peuvent toujours se faire accompagner d'un invité.

Art. 15. — Sur chaque carte d'invitation sont inscrites les dispositions du présent règlement qui sont d'ordre général. Les invités sont tenus de s'y conformer comme les actionnaires, et sont passibles des mêmes amendes.

CHAPITRE IV.

(*Dépenses. — Gardes, chiens, gibier.*)

Art. 16. — Un garde particulier, choisi et payé par le titulaire, est chargé de la surveillance de la chasse.

Toutefois, s'il est reconnu utile par la majorité des actionnaires de lui adjoindre un aide, les actionnaires et le titulaire payeront, par portions égales, les frais résultant de cette surveillance supplémentaire.

Il en sera de même pour les gratifications qui pourront être offertes aux gendarmes, gardes champêtres, ou autres agents étrangers à la société, dont il pourrait y avoir lieu de récompenser les services dans des cas spéciaux.

Art. 17. — Les dépenses résultant de l'achat du gibier de repeuplement, les frais d'élevage, le montant des dégâts occasionnés par le gibier, la taxe et la nourriture des chiens courants, les frais de voiture, etc.; en un mot, toutes les dépenses ayant un caractère d'utilité commune seront payées par portions égales, par le titulaire et les actionnaires.

Art. 18. — Un carnet de chasse, mentionnant le nombre et la nature des pièces tuées, sera régulièrement tenu. Ce carnet sera paraphé à la fin de chaque journée par le titulaire ou le

président et deux des actionnaires présents. — Il sera conservé
par le titulaire.

Art. 19. — Un exemplaire du présent règlement, signé par le
titulaire et le président, sera remis à chacun des actionnaires.

Un autre exemplaire, conservé par le titulaire, devra être
signé, pour acceptation, par chacun des actionnaires.

SPÉCIMEN DE CARTE D'ACTIONNAIRE.

Chasse de la forêt de ....

CARTE D'ACTIONNAIRE

Pour la saison de chasse commençant le jour de
l'ouverture de 187. et finissant le jour de la fermeture de 187.

M..

Le titulaire :

N.....

SPÉCIMEN DE CARTE D'INVITATION.

(RECTO.)

Chasse de la forêt de ....

CARTE· D'INVITATION

Pour le dimanche 7 septembre 187

M...

L'actionnaire :   Le titulaire :

X.. ..   *N*.....

(VERSO.)

Extrait du Règlement.

Art. 6. — Dans l'intérêt de la sécurité commune, aucun tireur ne doit quitter le poste où il est placé dans les battues.

Art. 8. — Le tir à balle est interdit.

Art. 9. — Il ne peut être tué plus de trois chevreuils par jour de chasse.

Art. 10. — Chaque tireur ne peut tuer plus de deux lièvres.

Art. 11. — Il est interdit de tirer les poules faisanes.

. . . .
. . . .

Art. 15. — Sur chaque carte d'invitation sont inscrites les dispositions du règlement qui sont d'ordre général.

Comme les actionnaires, les invités doivent s'y conformer.

Je ne vous dirai pas que ce règlement me plait fort : c'est tout naturel, je suis son père. Ainsi que vous pouvez en juger il n'est pas chiche d'amendes; il a raison. Tâchez de ne pas lui donner tort en ne les appliquant qu'à moitié. C'est à l'œuvre qu'on connaît l'artisan. Essayez-en, et peut-être ne me reprocherez-vous pas de vous avoir conduit jusque-là pour vous faire assister à la naissance de ce petit monstre, qui n'a d'effrayant que l'écorce.

Voyez-vous, lecteur, il en est des sociétés de chasse comme des femmes anglaises, desquelles on a pu dire qu'elles sont extrêmes en tout, admirables ou affreuses, excellentes ou détestables. Dans une société de chasse, si tout ne va pas bien, tout va mal.

FIN.

TABLE DES MATIÈRES.

FIN DE LA TABLE DES MATIÈRES.

LA

CHASSE ILLUSTRÉE

JOURNAL DES CHASSEURS

ET LA VIE A LA CAMPAGNE

Publié avec la collaboration des écrivains les plus autorisés
sous la direction de M. ALFRED DIDOT

Et illustré par les meilleurs artistes. — 8e année.

Ce journal paraît tous les samedis depuis le 3 août 1867, et
contient des récits de chasses, de pêches, de voyages ; des études
sur l'acclimatation, la pisciculture, l'histoire naturelle, etc.,
accompagnés de magnifiques gravures. — Un numéro est en-
voyé gratis à tous ceux qu. en font la demande.

PARIS ET DÉPARTEMENTS :

Un an, 20 fr. — Six mois, 10 fr. — Trois mois, 5 fr.

Les abonnements partent du 1er de chaque mois.

ALMANACH

DE LA

CHASSE ILLUSTRÉE 1874-1875

CARNET DU CHASSEUR

Brochure in-4° de 64 pages, papier fort, 1 fr.

Typographie Firmin-Didot. — Mesnil (Eure).